i-Construction
システム学

小澤 一雅 編著

東京大学 i-Construction システム学寄付講座 著

技報堂出版

はじめに

　本書は，東京大学大学院工学系研究科において，主として社会基盤学専攻および精密工学専攻の大学院生向けに 2019 年度から開講されている講義「i-Construction システム学特論」に基づき，発刊するものである。同講義は，2018 年 10 月に設置された「i-Construction システム学寄付講座」に所属する 7 名の教員が始めたオムニバス講義である。「建設現場」をフィールドとして，社会基盤学とロボティクスを情報通信技術でつなぐことにより，イノベーションを創出し将来の建設現場の変革を期待して実施され，両専攻を含む大学院生が多数受講している。

　「i-Construction システム学」は，i-Construction を実現するためのシステムを構築し，このシステムを利活用することでインフラ事業の各段階における生産性等を向上させることにより，インフラ事業全体の価値の向上を目指した学問知である。これまで，建設現場への機械施工の導入によって生産性の向上が図られてきた。しかし，一品受注生産・現地屋外生産・労働集約型生産を特徴とする建設生産システムが制約となり，最新の製造工場のように効率化・自動化を図ることは困難と考えられてきた。現場ごとに施工環境が異なるだけでなく，作る製品も材料も労働者も異なるからである。

　一方で，IoT (Internet of Things) により，大量生産からカスタマイズ生産へのシフトが可能となり，建設現場の生産性向上にも期待が寄せられている。また，BIM/CIM (Building Information Modeling / Construction Information Modeling and Management) の導入により工事目的物のデジタル表現が可能となり，施工機械の自動制御に大きな役割を果たすことになる。さらに，5G に代表される高速通信技術により大量の情報伝送が可能となり，Cyber Physical System (CPS) を用いたリアルタイム制御が現実のものとなりつつある。

　i-Construction システム学寄付講座では，このような技術環境のもとで描けるインフラの新たな建設生産・管理システムを構築・実現することに挑戦している。工事目的物だけでなく，施工環境を 3 次元モデルで忠実に再現することによりサイバー空間上に建設現場を実現し，施工のシミュレーションに基づき，建設機械の選択・活用方法を検討することが可能となること，また，建設機械の開発コストやスケジュールを大幅に削減および短縮することが可能となることが期待される。これまでに培われた品質・コスト・工程・安全・環境に対する評価手法や汎用性の高い Robot Operating System (ROS) を活用することにより実現可能であり，将来の建設機械の開発体制に大きな影響を与える可能性がある。

　本書では，i-Construction を実現するためのシステム開発に必要な社会基盤学，ロボティクスおよび情報通信技術の基礎を提示するだけでなく，寄付講座に所属する研究員が取り組む研究のコラムを設け，これら技術を組み合わせたユースケースを紹介している。今後の研究開

発の方向性や技術活用の戦略を検討するのに役立つことが期待される。

　本年夏には，新たな演習「i-Construction システム学特別演習」を開始する予定である。社会基盤学とロボティクスの知識を習得した学生が自身でプログラミングした建設機械 (約 1/20 の模型) による自動化施工にチャレンジする。次世代の活躍による建設現場の変革に大いに期待したい。 最後に，本寄付講座の立ち上げに際してお世話になった国土交通省 i-Construction 推進コンソーシアム会長の小宮山宏様 ((株)三菱総合研究所理事長)，同副会長の宮本洋一様 (当時 (一社) 日本建設業連合会副会長兼土木本部長) に心より御礼申し上げます。また，本寄付講座を支えていただいている国土交通省，(一社) 日本建設業連合会，(一社) 建設コンサルタンツ協会，(一社) 全国地質調査業協会連合会，(一社) 全国測量設計業協会連合会，(一社) 日本建設機械施工協会の関係各位に感謝いたします。

　2021 年 5 月吉日

東京大学大学院工学系研究科
i-Construction システム学寄付講座
特任教授　小澤　一雅

目　　次

1章　i-Construction システム学とは　　　　　　　　　　　　　　1

2章　i-Construction システム学に必要な社会基盤学　　25

4 章　i-Construction における情報通信と遠隔計測　　　81

5 章　建設機械自動化のためのロボット技術　　　95

6 章　建設機械のためのセンシング技術　　　　　129

7 章　建設現場の安全

8章　i-Construction 実現のための制度上の課題

1 i-Construction システム学とは

1.1 「i-Construction」の誕生

1.1.1 建設現場における ICT の利活用から i-Construction へ (図 1-1)

　2007 (平成 19) 年 5 月に国土交通省において取りまとめられた「国土交通分野イノベーション推進大綱[1]」では，ICT (情報通信技術) を利活用した国土交通分野のイノベーションについて，そのブレークスルーとなる共通基盤の構築，重点プロジェクトとともに，将来像と今後の戦略が示されている。ここでは共通基盤として，地理空間情報基盤，場所やヒト，クルマ，モノと情報を結びつける基盤，ネットワーク基盤とこれらを利活用するためのソフト基盤が取り上げられている。これに基づき，建設施工の生産性向上，品質確保，安全性向上，熟練労働者不足への対応などの諸課題を解決するため，ICT 施工技術の普及に向けて，2008 年 2 月に「情報化施工推進会議」が設置され，5 年間の戦略期間の後に，新たな「情報化施工推進戦略[2]」

ICT 利活用から i-Construction へ
(国土交通省)

2007 年 5 月　「国土交通分野イノベーション推進大綱」
　　　　　　　ICT (情報通信技術) を利活用したイノベーション推進
2008 年 2 月　「情報化施工推進会議」設置
　　　　　　　建設施工の生産性向上，品質確保，安全性向上，熟練労働者不足への対応，
　　　　　　　情報化施工推進戦略
2012 年 4 月　「CIM (Construction Information Modelling/Management)」の提言
2015 年 12 月　「i-Construction 委員会」設置
2016 年 2 月　「ICT 導入協議会」設置 (技術基準・要領など)
2016 年 4 月　提言「i-Construction ～建設現場の生産性革命～」
2017 年 1 月　「i-Construction 推進コンソーシアム」設立
2017 年 3 月　「CIM 導入ガイドライン」(CIM 導入推進委員会)

図 1-1　ICT 利活用から i-Construction へ

1

が 2013 年 3 月に示され，五つの重点目標と 10 の取り組みを設定している。

　一方で，国土交通省は，2012 年に建設業務の効率化を目指した「CIM（当初は，Construction Information Modelling の ちに，Construction Information Modelling/Management）」を提言し，3 次元モデルの利活用による建設生産システムの効率化・高度化への取り組みを開始した。2017 年 3 月には，CIM 導入推進委員会は，「CIM 導入ガイドライン」など五つの要領および基準類を策定している。また，2016 年に設置された ICT 導入協議会では，ICT の全面的な活用に向けて，必要な要領などの技術基準類を策定している。

　そして，2015 年 12 月に設置された「i-Construction 委員会」は，ICT 土工，コンクリート工の規格の標準化，施工時期の平準化などをトップランナー施策として建設現場の生産性革命をうたう提言 [3] を 2016 年 4 月に取りまとめ，国土交通省は，2017 年を i-Construction の「前進の年」，2018 年を「深化の年」，2019 年を「貫徹の年」として，2025 年までに生産性 2 割向上を目指して，さまざまな取り組みを並行して進めている。

1.1.2　地方建設会社における取り組みと i-Construction のもたらすもの

　2017（平成 29）年度に創設された国土交通省の「i-Construction 大賞」の中では，地方建設会社の建設現場の生産性向上に係る取り組みが数多く表彰されている。2018 年度の同賞を受賞し，創業まもなく 100 周年を迎え，土木工事を専門に年間の完成工事高が数億円規模の地方建設会社の方からお話を伺う機会 [4] を得た。

　そこでは，若手社員が新しく購入した自動追尾計測器を使って杭打ち作業を行い，また，トータルステーション（TS）を用いた出来形管理システムの導入により，土工に加えて周辺コンクリート構造物の 3 次元施工データおよび 3 次元床掘データを作成し，マシンガイダンスによる無丁張の床掘や 3 次元測量による構造物の墨出し，位置出し，水準測量で生産性の向上が図られていた。最新のクレーンやバックホウなどの建設機械と ICT 設備の購入には，先端設備投資促進税制が活用されていた。

　経験の浅い若手社員でも 3 次元データを利用すれば，現場をけん引する技術者に短期間に成長することが可能であり，3 次元設計データの作成を自ら学習する内発的動機づけも得られる。また，現場での計算が不要となるため，計算間違いがなく手戻りが少なく施工速度が上昇する。さらに，若手社員が工事測量を支配することで熟練社員とのワークシェアリングが成立し残業は激減，週休 2 日制も導入することが可能となっている。生産性向上により現場のもうけを増やすだけでなく，働き方改革も実現することにつながっている。

　何より若手社員がドローンを飛ばして測量したり，最新機器でテキパキと仕事をしたりする姿は逞しくもあり，“カッコイイ！”。実際，新卒の応募者も増加傾向にあるという。i-Construction が新 3K（給料・休暇・希望）+K（カッコイイ）をもたらし，担い手確保にもつながっている。i-Construction というイノベーションがさまざまな相乗効果をもたらし，地方建設会社の経営を後押しすることにつながっている。

コラム❶ （研究紹介） i-Construction モデル事務所 甲府河川国道事務所の取り組み

国土交通省では，i-Construction をより一層促進し，3次元データなどを活用した取り組みをリードするため，「i-Construction モデル事務所」を 2019（平成 31）年 3 月に決定した。関東地方整備局管内のモデル事務所である甲府河川国道事務所では，道路などの計画・調査・設計・施工・維持管理の各段階でさまざまな取り組みを始めている。

1．3次元モデルを活用した地域住民らへの説明

道路などの計画から開通までの間，事業主体となる国道事務所などでは，各種調査や工事に着手する際などに住民らへの説明会を行っている。説明内容は，道路の位置，構造のほか，騒音や振動といった住環境への影響など多岐にわたるが，開通後の地域の状況をより具体的にイメージしてもらうため，例えば，開通前後での住環境の変化を 3 次元モデルを用いてシミュレーションし，その説明も 3 次元モデルを用いて行うなどの取り組みを行っている。説明会の参加者からは，「構造物のイメージが明確化できた」，「住民に理解してもらおうという熱意が伝わった」，「道路計画の理解が促進された」，「構造・形状など容易に理解しやすい」，「これまでの資料に比べてわかりやすかった」などの感想が寄せられており，一方的な説明にとどまらない双方向のコミュニケーションの実現に寄与している。

図①-1　3次元モデルを用いた日照のシミュレーション

図①-2　説明会の様子

２．維持管理での３次元データなどの効果的な活用

　道路などの社会資本の老朽化の進展，頻発・激甚化する災害・豪雪への対応など，これまで以上に効率的に社会資本を維持管理することが求められている。甲府河川国道事務所では，道路などの効率的な維持管理に向け，３次元データなどを効果的に活用する取り組みを始めている。

①　施設変状の原因究明

　甲府河川国道事務所が管理する中部横断自動車道の醍醐山トンネルにおいて，2019（令和元）年10月にトンネル横断目地部でコンクリート片が落下した。この原因究明にあたり，外力によるトンネルへの影響の有無を確認するため，地山およびトンネルの変状をMMS（モービル・マッピング・システム）などで確認することを試みた。

②　災害の復旧調査

　2019年10月の台風19号において，中部横断自動車道城山トンネルの坑口上部の斜面で土砂流出が発生した。本復旧工事の設計を行うにあたって被災状況を把握するため，MMSで点群データを取得し，開通前と比較することを試みた。

図①-3　台風19号による城山トンネル坑口の被災状況

図①-4　城山トンネル坑口の点群データ（2020年2月撮影）

1.2　i-Construction システム学寄付講座の誕生

1.2.1　「超スマート社会 (Society 5.0)」と i-Construction

　第 5 期科学技術基本計画[5] では，「必要なもの・サービスを，必要な人に，必要な時に，必要なだけ提供し，社会の様々なニーズにきめ細かに対応でき，あらゆる人が質の高いサービスを受けられ，年齢，性別，地域，言語といった様々な違いを乗り越え，活き活きと快適に暮らすことのできる社会」すなわち，サイバー空間とフィジカル空間 (現実社会) が高度に融合した「超スマート社会(Society 5.0)」の実現により，人々に豊かさをもたらすことが期待されている。

　一方，社会インフラの建設は，受注生産，屋外生産，労働集約型の生産システムとしての特性を持ち，これまで建設産業は生産性向上の難しい産業とされてきた。そこで，国土交通省は，計画・調査から施工・検査，さらに維持管理・運用までのプロセスにおいて，IT，IoT，衛星測位技術，空間情報処理技術，ロボット化技術などを活用することで建設生産システムに変革を促す i-Construction を掲げ，生産性向上を目指している。

　i-Construction は，現場の生産性向上を図ることができるだけでなく，超スマート社会において，社会のさまざまなニーズにきめ細やかに対応できるインフラサービスを提供する社会インフラを効率的に整備，維持管理，運営することが可能なシステムであり，21 世紀における新しい産業を創出するものである。社会インフラの建設現場における生産性向上を図ることにより，現場の労働環境を改善し，現場の安全性の向上を図ることも可能となる。また，技術者がより創造的な業務に集中することが可能となり，多様な人材の活躍の場が広がり，社会生活や産業を支える新たなインフラサービスの創出を期待できる。

1.2.2　「i-Construction システム学」寄付講座の誕生

　社会インフラの計画・調査段階から維持管理・運用段階までのプロセスにおいて，IT，IoT，衛星測位技術，空間情報処理技術，ロボット化技術などを活用することで現場の生産性向上を図る i-Construction を実現するためのシステム開発を行うだけでなく，そのシステムを実践するプロフェッショナルを育成するため，i-Construction システム学を構築することを目的として，2018 (平成 30) 年 10 月，「i-Construction システム学」寄付講座は，東京大学大学院工学系研究科に設置され，同研究科の社会基盤学専攻と精密工学専攻との共同運営体制がとられることとなった。

　本講座で得られる成果により，i-Construction が実現され，現場の生産性向上が図られるだけでなく，「超スマート社会」の実現に貢献することが期待される。また，地域社会のニーズに応えるインフラサービスが実現され，我が国の地域の競争力強化につながるだけでなく，今後，労働力不足が懸念される日本の建設産業の競争力を強化することにつながることが期待される。さらに，日本人だけでなく留学生も含め，本講座において育成されたプロフェッショ

ナルが世界のインフラ市場においても指導的役割を果たし，国際貢献を図ることが期待される。

1.3 i-Construction システム学における研究課題

「i-Construction システム学」寄付講座では，BIM/CIM 技術や ICT 技術を活用した i-Construction を実現するためのシステム開発を目指し，当面，以下の課題に取り組むこととした（図 1-2）。特に，個々の企業では取り組みにくい建設産業全体で開発が望まれる協調領域の研究課題に先行して取り組み，オープンイノベーションが促進される体制を構築することを目指した。

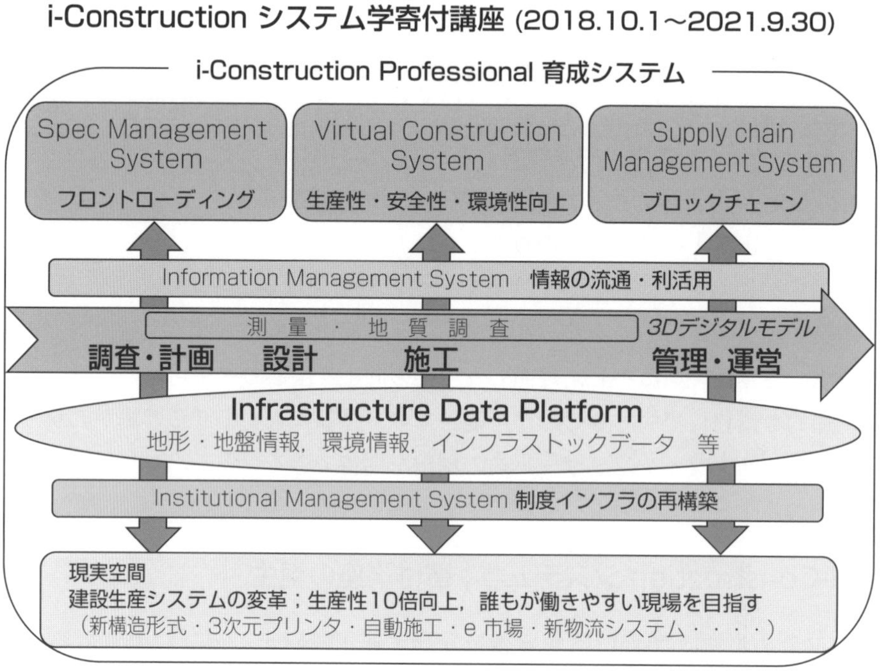

i-Construction システム学寄付講座 (2018.10.1～2021.9.30)

i-Construction Professional 育成システム

Spec Management System	Virtual Construction System	Supply chain Management System
フロントローディング	生産性・安全性・環境性向上	ブロックチェーン

Information Management System　情報の流通・利活用

測　量・地　質　調　査　　　　　3Dデジタルモデル
調査・計画　設計　施工　　　　　管理・運営

Infrastructure Data Platform
地形・地盤情報，環境情報，インフラストックデータ　等

Institutional Management System　制度インフラの再構築

現実空間
建設生産システムの変革；生産性10倍向上，誰もが働きやすい現場を目指す
（新構造形式・3次元プリンタ・自動施工・e 市場・新物流システム・・・・）

図 1 - 2　i-Construction システム学寄付講座における研究課題

また，これらの研究活動領域は，幅広く多様である。インフラの設計に必要な構造・材料・施工の知識から，現場の施工に必要な測量・計測・センシングやロボティクス・建設機械の知識，これらを高度化するための画像処理・情報処理・AI や通信技術，市場における取引を高度化するためのブロックチェーンや契約に関する知識，さらに事業のマネジメントや社会制度に関する知識を統合し，活用する必要がある。

1.3.1　インフラデータプラットフォームの開発

社会インフラの調査・計画段階から維持管理・運用段階に至るすべての段階で共有・活用可

能な情報共有システムとしてのインフラデータプラットフォームを開発する。インフラ事業を展開するために必要な地形・地盤・環境情報やインフラ台帳などのインフラストックデータを3次元モデルとして取り込み，構築された共通中間データを介して，設計から現場施工や管理・運営の高度化に活用するためのプラットフォームを開発する（**図1-3**）。多種多様なデータをタイムリーに取り込むとともに，各段階のユーザに必要なデータを提供するプラットフォームである。API（Application Programming Interface）を通してこれらの多様なデータを高速でつなぐ技術の開発が必要である。また，インフラ事業の各段階において，情報を適切に利活用し，創造された情報を保管・維持するためのデータマネジメントシステムを構築する必要がある。さらに，過去の施工情報を，AIなどを用いて解析したり各段階ユーザの意思決定を支援したりするための各種アプリケーションを開発する必要がある。

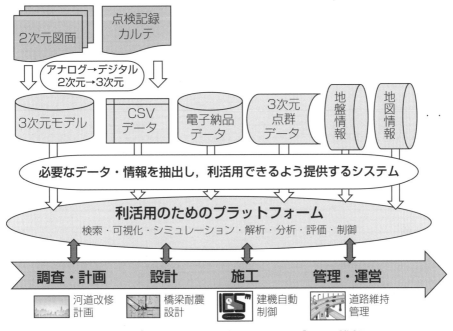

図1-3　プラットフォームを介したインフラデータの利活用

1.3.2　スペックマネジメントシステムの開発

　個々に異なるインフラの要求性能を仕様（スペック）に取り込み，柔軟な設計環境を実現できるシステム開発を行う。従来，事業の調査・計画段階で明示的には考慮されてこなかったインフラの建設段階における施工性，現場の安全性，環境への負荷の程度や維持管理・運営段階における制約条件などを設計段階の仕様に明示的に取り込み，サイバー空間で設計作業を行うためのデザインマネジメントシステムの開発を行う（**図1-4**）。また，設計段階で必要な各種設計協議を3次元モデルを活用して効率的に行えるシステムとすることが肝要である。さらに，これらの要求を満足していることを確保する設計照査システムの開発も行う。

Spec Management System

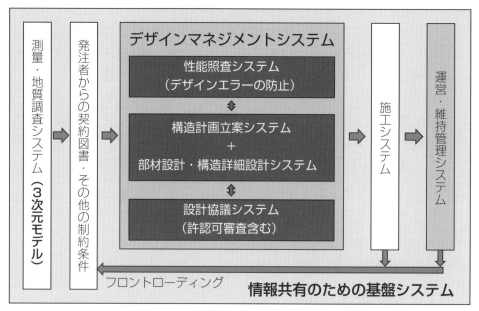

図 1-4　スペックマネジメントシステム

コラム❷
（研究紹介）　**道路設計のエラー事例の分析と 3 次元モデルを活用した設計システムの開発**

1．研究背景

　建設コンサルタントの設計成果品に関する多くのエラー事例が報告されている[1]。（一社）建設コンサルタンツ協会は，十分なチェック体制の確立や照査・チェックリストの強化などの取り組みを実施している[2] が，全エラーの解消までには至っていない。

　一方で，設計における生産性向上の取り組みとしては，3 次元モデルなどの利活用によるフロントローディングの実現により，手戻り防止や施工計画などの高度化を挙げている[3] だけでなく，設計成果品のエラーを大幅に減少できることが期待されている[1]。

　そのため，本研究では，国土交通省直轄土木工事で最も多く実施されている道路改良工事に使用される道路設計の成果品に関するエラーに着目し，エラー事例の原因を詳細に分析するとともに，3 次元モデルなどの活用により，これらのエラーを防止することが可能かどうかを検討した。その結果に基づき，エラー解消にも貢献可能な設計システムを開発することを目的とした。

　なお，開発すべき設計システムの検討にあたっては，（一社）建設コンサルタンツ協会により収集された道路設計におけるエラー185 事例[2] の分析および既存ソフトウェア（19 種類）の調査に基づき整理を行った。

2．道路設計エラー事例の分析

　本研究では，まず，現時点で生じている道路設計エラー事例[2]の原因に基づき分析・整理を行い，エラーが設計システムにより解決可能か判定した。道路設計で生じている代表的エラーを**図②-1**に示す。これは，（一社）建設コンサルタンツ協会が整理したもの[2]であり，収集されたエラー事例の大凡がこれに含まれる。

　これらのエラーが3次元モデルなどを用いた設計システムにより解決可能かを検討した。**表②-1**に道路設計の代表的エラーと設計システムによるエラー対応方法の例を示す。

　その結果，道路設計エラーのうち179事例（97％）は，3次元モデルなどを活用した設計システムにより解決することが可能であることが明らかとなった。なお，設計システムによる解決が困難とした6事例（3％）については，「現地踏査時の連絡エラー」や「交通量調査実施箇所の取違えエラー」であり，道路設計に関するエラーではないものである。

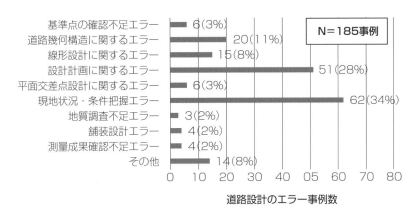

図②-1　道路設計で生じている代表的エラー

表②-1　道路設計の代表的エラーと設計システムによるエラー対応方法の例

番号	道路設計の代表的エラー	設計システムによるエラー対応方法の例
1	基準点の確認不足エラー	3次元モデルの使用により，設計水準面をT.P.へ統一
2	道路幾何構造に関するエラー	採用値が基準値内となっているか確認するシステムの使用
3	線形設計に関するエラー	縦断線形のサグ位置算出システムの使用等
4	設計計画に関するエラー	3次元モデルを使用した干渉チェックシステムの使用等
5	平面交差点設計に関するエラー	必要緩勾配区間長の算出・図示システムの使用等
6	現地状況・条件把握エラー	3次元モデルを使用した地下埋設物との干渉チェックシステムの使用等
7	地質調査不足エラー	3次元地盤モデルの活用システムの使用
8	舗装設計エラー	既設盛土の施工状況を踏まえたCBR試験の実施判定システムの使用等
9	測量成果確認不足エラー	3次元測量を実施

3．設計システムの開発

　本研究で開発する設計システムの新規性確保のため，設計エラー解消のための機能が既存設計ソフトウェアに実装されているか調査・整理を行った。既存設計ソフトウェアで対応不可であるエラーの詳細内容，エラー件数およびシステム開発の必要性を**表②-2**に示す（便宜上，道路設計エラーをa）3次元モデル活用系，b）自動計算系，c）設計基準照査系，d）その他に分類している）。本表では，既存ソフトウェアでは対応していないが，エラー件数が1件であるものは，道路設計の現場における設計システムの需要が低いと想定されるため，システム開発の優先度は低いものと判断している。システム開発が必要とされるものは，a）3次元モデル活用系の「排水流下方向の確認（排水不良箇所の検出）」，c）設計基準照査系の「幾

表②-2　既存ソフトウェアで対応不可のエラー内容

既存ソフトウェアで対応不可であるエラーの内容	エラー件数	システム開発の必要性
a）3次元モデル活用系		
排水流下方向の確認	6	○
b）自動計算系		
視距拡幅	1	－
車両用防護柵の規格	1	－
数量計算	1	－
c）設計基準照査系		
幾何構造		
幾何構造（交差点部）	7	○
幾何構造（幅員構成）		
小構造物	3	△
歩道形式	1	－
排水設計	3	○
線形の組合せ	1	－
d）その他		
安全施設	1	－
設計車両	1	－
CBR試験可否の判定	1	－

何構造関連」，「小構造物設計関連」，「排水設計関連」である。なお，「排水流下方向の確認」と「排水設計関連」については密接な関係にあり，関連づけたシステム開発が必要と思われる。ただし，小構造物設計に関して生じているエラーは，国土交通省制定 土木構造物標準設計[5][6]の条件設定エラーなどであるが，これは現場打ち構造物であり，プレキャスト化を推進している[7]時世を考慮すると，開発の優先度は低いものと判断できる。

4．まとめと今後の展望

　本研究では，建設コンサルタントが行う設計業務のうち，道路設計に関するエラーに着目してシステム開発を進めているが，エラーの解消が必要であるのは，全工種の共通事項であるため，本研究ではプロトタイプとして道路設計に関する設計照査システムを開発することで，今後の照査の在り方を提示することが重要であると考える。今後は，設計照査システムの社会実装に向けた仕組みについても研究を進める予定である。

《参考・引用文献》

［1］　国土交通省「設計成果の品質確保」調査・設計等分野における品質確保に関する懇談会，2017
［2］　一般社団法人 建設コンサルタンツ協会「成果品に関するエラーの事例集」令和元年度品質セミナー"エラー防止のために"，2019

[3] 国土交通省「i-Construction 推進コンソーシアム第5回企画委員会 資料-1」2019
[4] 国土交通省「BIM/CIM 活用ガイドライン（案）共通編」p.18，2020
[5] 国土交通省「土木構造物標準設計第1巻 側こう類・暗きょ類」2000
[6] 国土交通省「土木構造物標準設計第2巻 擁壁類」2000.
[7] 国土交通省「第5回コンクリート生産性向上検討協議会 資料3」2017

1.3.3　サイバー空間における仮想建設システムの開発

　個々に異なるインフラの施工条件を制約条件として取り込み，目的物の要求品質・コスト・工程などに応じて，生産性と現場の安全性向上を実現する施工計画や施工手順などをサイバー空間において検討するための仮想建設システムの開発を行う（図1-5）。仮想建設システムは，現場の施工環境を必要な精度で再現し，仮設計画をモデルとして取り込み，サイバー空間上に施工計画を再現するとともに，契約で履行が決められた品質・工程・予算内に安全・環境基準を満足しながら施工可能かをチェックする必要がある。これにより，インフラデータプラットフォームおよび測量・地質調査などによって得られたデータによって構成されるサイバー空間において，生産性向上を実現するロボット機能や開発すべき施工機械の設計を行うことが可能となる。さらに，構築された仮想建設システムは，工事実施段階の施工管理に活用することも可能である。

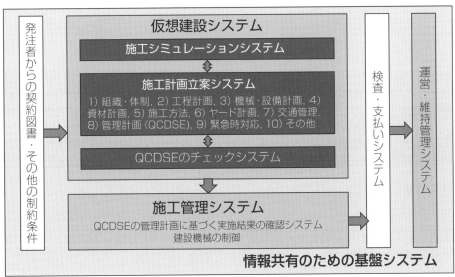

図1-5　施工マネジメントシステム

1.3.4　サプライチェーンマネジメントシステムの開発

　個々に異なるインフラの事業環境を制約条件として取り込み，工事の実施に必要な資機材・労務および必要な技術をどのように調達し，工事の実施体制を構成するのがよいかを検討する

ためのサプライチェーンマネジメントシステムの開発を行う（**図1-6**）。個々の契約情報（設計情報を含む）と契約の履行情報（施工管理情報）をブロックチェーンを介して保管することにより，品質情報の耐改竄性が担保される。これにより，ブロックチェーン技術を応用した品質システムにスマートコントラクトを活用した自動決済システムを組み合わせて検査・支払い手続きの合理化を図ることが可能となる。さらに，建設産業に関連するeマーケットプレイスや新たな商取引システムを構築し，物流を含めた市場の変革や新しいビジネスモデルの創出が可能となる。

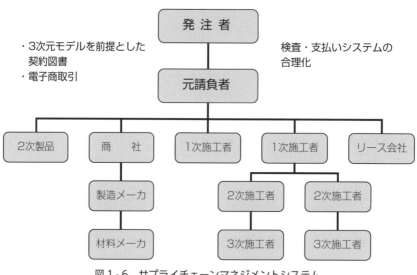

図1-6　サプライチェーンマネジメントシステム

コラム❸（研究紹介）　ブロックチェーンとスマートコントラクトを活用したサプライチェーンマネジメントシステムの開発

1．研究背景

　近年，国土交通省は，i-Construction の政策を掲げ，2025 年までに建設業の生産性2割向上を目標として示している[1]。この取り組みのもと，IoT デバイスやセンシング技術の発達により，施工現場の品質・出来形などの施工管理情報を取得しデータストレージに格納することが比較的容易になりつつあること，工事目的物の3次元モデルの構築が比較的容易に可能となったことから，施工管理の効率化に期待が寄せられている。現在，土工事では締固管理に GNSS を利用した転圧回数確認や出来形確認に UAV を利用した点群測量が活用される ICT 土工が実施されている。

　建設業の生産プロセスで要求される発注者による監督検査についても，取得した施工管理情報を利活用するために基準類の整備が「ICT の全面的活用を実施するうえでの技術基準類[2]」

として進められ，毎年更新が行われている。しかし，施工管理情報は受注者が現場から取得する情報であり，発注者に対してこれらの情報をもとに作成した書類を提出する際には，情報の改竄リスクが課題としてある。このため受注者の施工に対する監督検査は依然として現場での立ち会いを要する臨場検査が技術基準類の中で求められている。i-Construction が目指す建設現場の全自動化に向けた取り組みの実現のためには，工事成果に対する発注者の検査や，検査結果により実行される支払などの受発注者間にまたがる生産プロセスについても自動化することが求められる。

2．研究開発するシステムの概要

ICT を活用した施工管理システムと，本研究で開発するブロックチェーンやスマートコントラクトを活用したシステムを連携させることで受注者が発注者との共有サーバーに保存する施工管理情報のデータの非改竄性が担保され，発注者は保存されたデータを用いて信頼性の高い検査が可能となる。品質・出来形検査や出来高査定の結果は，スマートコントラクトへその契約の履行状況として保存される。この履行状況と，事前にスマートコントラクトへ入力された契約情報（契約単価，契約数量）より支払金額を算出することが可能となる。本研究開発では，これらの内容を実現するために，建設業のサプライチェーンにおいてブロックチェーンとスマートコントラクトを活用した契約情報と出来形および出来高情報管理システムのプロトタイプの開発とその実証を目的とした。開発するシステムでは，

① 契約締結で決定した条件と，その条件に基づく契約履行状況を管理する機能
② サプライヤーが保存する施工管理情報の耐改竄性を担保する機能
③ 契約情報および施工管理情報を品質・出来形検査や出来高査定で利用するための情報のトレーサビリティを担保する機能

が求められる。これらの機能を満足するため，開発するシステムでは図 -1 に示すシステム構成を設計した。

基盤システムにスマートコントラクトおよびブロックチェーンを活用することにより，契約条件の設定や契約履行状況の管理および保存された施工管理情報の耐改竄性の機能を付与する。またブロックチェーンの技術的な特性から，保存した情報のトレーサビリティが担保される。

3．土工事を対象としたプロトタイプの開発と実証

土工事を対象にプロトタイプの開発を行った。プロトタイプでは**図③ -1** に示した各システムおよび WebAPI を開発した。その特徴は，ブロックチェーンへ施工管理情報のハッシュ値を保存することで保存 データの非改竄性を担保すること，データ保存者の情報を同時に保存することで改竄が認められた場合に保存者のトレースを可能とすることが挙げられる。

改竄確認システムは，各検査の実行前に，保存データのハッシュ値を取り直しブロックチェーン上に保存されたハッシュ値と照合，さらに入力時の改竄確認のための機能を実装した。出来形確認，出来高確認システムではトレースした情報から，発注者が示した要求水準

に対するチェックや施工数量（土量など）を確認し，その結果をスマートコントラクトに入力する機能を実装した。支払確認システムでは，これらの契約履行情報と事前に入力された契約条件より支払金額を決定する機能を実装した。

　また，このシステムの実効性および有効性を実証するため，土工事の施工現場において転圧回数確認検査および出来形確認検査，出来高査定を実施する実証試験を行った。具体的な実施内容は，① 品質と出来形の確認，② 出来高数量の算出，③ 保存データの改竄確認，④ 入力時の改竄確認，⑤ 支払金額の決定，⑥ 改竄した業者の特定である。

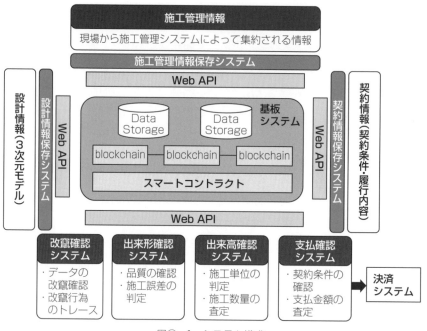

図③- 1　システム構成

4．今後の展望

　今後は，プロトタイプの開発の継続と社会実装に向けた取り組みを進める。前者については，システムへ決済機能を実装する他，維持管理段階への活用も視野に入れてプロトタイプの研究開発を継続する。また後者については社会実装時に必要となるシステムの開発や運用体制，制度等を検討する。

《参考・引用文献》
［1］ 国土交通省「i-Construction の推進」p.6
　　http://www.mlit.go.jp/common/001149595.pdf（最終アクセス 2021/2/10）
［2］ 国土交通省「令和 2 年度向け『ICT の全面的活用』を実施する上での技術基準類」（2020 年 3 月 31 日），http://www.mlit.go.jp/sogoseisaku/constplan/sosei_constplan_tk_000031.html（最終アクセス 2021/2/10）

1.3.5　i-Construction システム学の体系化と教育システムの開発

上記のシステムを統合し，i-Construction を実践するために必要な知識を新たな学問体系として再構築するとともに，必要なスキルを習得するための教育システムを開発する。個々のインフラ事業におけるニーズや制約条件は，多様であり，それぞれの事業に適したソリューションを創造できる技術者を i-Construction のプロフェッショナルとして育成するために，開発されたシステムをサイバー空間におけるシミュレーションシステムとして体系化し，教育ツールとして開発する。さらに，世界のインフラ事業に対応可能な教育ツールとして高度化を図るとともに，これらのソリューションを現実空間で生かすための制度インフラの再構築も提案する。

1.4　ロボット技術 (RT) と i-Construction

1.4.1　ロボット技術による建設機械の高度化技術

近年，建設分野では，少子高齢化による若年就業者数の減少や，熟練した技術者や技能者の不足が問題となっている。また，日本では，地震や水害といった自然災害が発生しやすく，特に近年，それらが多発しているため，災害発生時の災害調査や応急復旧は，重要な課題である。このような問題を解決するため，ロボット工学を用いたインフラの調査・点検ならびに，建機による省力化・自動化に関する研究開発がこれまで進められてきた。以下に，その技術の概略を記す。

（1）建設機械の高度化技術

国土交通省が主導する情報化施工戦略[2] の下，建設機械を用いた施工の効率化を目指し，ICT (Information and Communication Technology) 技術を導入した自動制御建設機械の研究開発が進められてきた。また，この施策は，i-Construction の「ICT の全面的な活用（ICT 土工等）」[8] へと引き継がれている。ICT 土工とは，「ドローンなどを利用した 3 次元測量と 3 次元設計データより，建設機械を効率よく操作して施工した後，再びドローンを用いて 3 次元での出来形検査を行う ICT を全面的に活用する工事」のことである。この ICT 土工の中でも，近年の注目すべき技術トピックとして，マシンガイダンス (MG)，マシンコントロール (MC) 技術の進歩が挙げられる[9]。MG とは，「RTK-GNSS や IMU 等で建設機械の位置・姿勢を精度よく取得し，その情報と 3 次元の施工図面をオペレータに提示することにより，丁張りや水糸を使わなくても，オペレータによる工事が実施可能となる技術」である。MC は，「MG で取得した建設機械の位置・姿勢ならびに施工図面などの情報に応じて，建設機械の作業機の一部を自動制御することで，オペレータの作業負荷を低減させる技術」である。例えば，油圧ショベルを用いたのり面成型において，バケット面が施工図面に記載されたのり面よ

りも深く入らないように作業機の制御を行うことで，初心者のオペレータでも，精度の高いのり面成型が実現可能となる。これらの技術の研究開発は，これまでも継続して行われてきたが，ここ数年で大きく進歩し，実施工にも積極的に利用されはじめた。また，このようなMC，MG を実現するうえで必須の技術には，建設機械の姿勢推定が挙げられるが，建設機械メーカーでは，油圧シリンダにストロークセンサを埋め込むことで姿勢推定を実現している。特に，CATERPILLER 社は，機体全体が電子制御化された「デジタルプラットフォーム」という枠組みにより，すべての建設機械を自動化する準備を整えつつある[10]。一方，Trimble や Novatron など，建設機械を製造しないメーカーは，建設機械自体を改造する代わりに，IMU（Inertial Measurement Unit）を油圧ショベルのブームやアームに後づけすることで姿勢推定を行い，MG を実現している[11]。この技術は，通常の建設機械の MG 化を行えるため，比較的多くの建設会社が導入を進めている。また，コマツは，スマートコンストラクションという枠組みを提案し，その中で，情報化施工ならびに IoT をベースとした施工システムの開発を進めている[12]。ここでは，ドローンで取得した 3 次元データを元に，施工計画から ICT 建設機械を用いた施工や，これらを統括するシステムをパッケージ化し，熟練工でなければ施工が困難であったのり面成型などを容易に実現するシステムを提供している。また，鹿島建設は，クワッドアクセルという建設機械の自動化による建設生産システムを提案しており，大分川ダムなどにおいて試験施工を実施している[13]。ここでは，汎用の建設機械に GPS，ジャイロ，レーザスキャナなどの計測機器および制御用 PC を搭載することによって自動機能を付加し，自動運転を実現している。大成建設も，キャタピラージャパン社製の次世代油圧ショベル Cat 320 に，独自で開発した「自律割岩システム」を実装し，建設機械の自動化に関する研究開発を行っている[14]。このように，現在ゼネコン各社では，建設機械メーカーと組んだ建設機械の自動化に関する研究開発が進行中である。

（2）無人化施工技術

　災害時の応急復旧に関しては，1991（平成 3）年の雲仙普賢岳の噴火後，立入制限区域内における応急復旧工事を行うため，遠隔操作型の建設機械による無人化施工技術の開発が進められてきた[15]。無人化施工技術とは，「建設機械や環境中に設置したカメラから取得した画像情報を元に，油圧ショベルやキャリアダンプトラックなどの建設機械を，オペレータが遠隔から操縦するもの」であり，この技術は 2011 年の福島第一原子力発電所の事故の瓦礫撤去作業時や，2016 年の熊本地震で発生した阿蘇の土砂崩れの応急復旧工事においても利用された。また，無人化施工技術に情報化施工技術を導入することで，施工効率が向上することが指摘されており，（1）と（2）の分野は，相互補完の関係にあるといえる[8]。

　前述の（1）と（2）の分野の今後のさらなる技術向上のためには，基礎研究の推進も欠かせない。具体的には，「移動ロボットの移動技術の研究（特に不整地や軟弱土壌における移動体の移動性能の向上に関する研究）」「ロボットの位置や姿勢を精度よく推定する位置推定技術の

研究」「移動ロボットやドローンの自律動作の研究」「作業現場の臨場感を遠隔地のオペレータに伝える遠隔操作性向上に関する研究」「ロボットとオペレータ間の安定した通信を確保するための通信技術に関する研究」などが重要となると考えられる。また，現在は，建設機械の絶対位置を検知する手法として，主に RTK-GNSS が利用されており，この技術によって，建設機械の位置をセンチメートルオーダーで推定することが可能となっている。しかしながら，衛星受信の配置が悪くなる時間帯に建設機械の位置精度が大きく低下する問題や，作業環境に遮蔽物が存在するために推定位置が大きくずれるといった問題が残っている。そこで，建設機械の高度化に関連するロボット技術ならびに，自動施工の実現に欠かせないロボット技術の基礎に関する解説を，5 章と 6 章にて紹介する。

1.4.2 建設機械の自動化レベル

ロボット技術による建設施工の自動化を効率的に推進するためには，ロボット技術にかかわる研究者や技術者と建設分野にかかわる研究者や技術者，建設機械メーカー，施工業者，発注者 (公共機関) などの業種に所属する研究者や技術者が，互いに協力し，異分野の垣根を越えて研究開発を行うことが必須である。しかしながら，異なる文化や立場に所属する研究者や技術者の間では，同じ単語からイメージするものが，全く同じものであるとは限らないという問題がある。そこで，土木研究所の橋本らは，異分野の研究者や技術者，建設機械メーカー，施工業者，発注者といったさまざまな関係者が，研究開発の目標や現状技術の達成度を具体的にイメージできるように，盛土施工の自動化を例とした「建設機械自動化レベル」を自動車の自動運転を参考に策定した。詳しい解説は，文献 16 をご参照いただき，ここでは，その概要を述べる。なお，遠隔操作については，自動車の自動運転と同様，レベル分けに関係ないものとし，考慮していない。

目的地まで行くことという自動車の基本タスクに対し，建設機械が自動車と大きく異なる点は，対象とする各々のタスクに応じて，工種，作業，機種が多種多様であることである。例えば，工種については，河川土工，道路舗装，ダムなど，作業は掘削，運搬，敷き均しなど，機種は油圧ショベル，ブルドーザ，ダンプトラックなどで，それぞれ非常に種類が多く，それらの組み合わせは膨大な数になる。そこで，橋本らは，土工の工種として代表的な盛土施工を選び，作業・機種としては，油圧ショベル，ダンプトラック(Dump Truck，以下 DT と略す)，ブルドーザ，振動ローラの 4 機種に限定して，建設機械の自動化レベルの検討を行った。

「油圧ショベルを用いて材料を掘削し，ダンプトラックへ積込む一連の作業」に関して行われた検討結果を以下に記す。油圧ショベルを用いて材料を掘削し，DT へ積込む一連の作業をイメージし，その「動作」と，効率の高い施工を行うために人 (オペレータ) が行っている「検知と判断」を抽出すると **表 1-1** のように整理される。なお，最適な各動作とは，最適な各アクチュエータ動作や最適な走行速度，最適な経路 (走行経路やバケット運動経路など)による高効率な動作のことである。

　表 1-1 に示した「動作」と「検知と判断」について，自動車自動運転レベル[17]のレベル 3 までと同様に整理し，追加で，これに続くレベルとして「トラブルに機械（システム）が対応するレベル（レベル 4）」と，その上の「領域が無制限となるレベル（レベル 5）」が存在する。これを基に盛土施工における油圧ショベルの自動化レベルを検討し，その結果をまとめたものを**表 1-2**に示す。

　生産性の向上を目的とした自動化技術導入においては，熟練者オペレータ並みの生産性が最終的な目標となるが，レベル 1，2 の段階では，必ずしもそのような高度な熟練オペレータ並みの生産性は必要ではなく，レベル 3 における「効率の高い施工を行うために人が行っている検知と判断」が自動化された際に初めて，熟練オペレータ並みの生産性が実現すればよいと考えられる。

　現在普及しているマシンコントロールは，本自動化レベルではレベル 1 に相当する。また，この表より，ブレード操作だけではなく，一連の動作の自動化や，材料状態などから最適な動作を判断して実行する自動化技術が，次に目指すべき技術開発となると判断できる。

表 1-1　油圧ショベル作業の操作，認識および判断（文献 16 より引用）

	動作	高効率施工のためにオペレータが行っている検知と判断	
①	掘削場所へ移動	検知：	材料位置 材料状態 DT 位置など
		判断：	最適な掘削場所 最適な移動動作
②	材料を掘削	検知：	材料状態など
		判断：	最適なバケット差込位置
		検知：	掘削中材料挙動など
		判断：	最適な掘削動作
③	DT 荷台位置まで旋回	検知：	バケット内材料挙動 DT 位置など
		判断：	最適な旋回動作
④	DT 荷台へ放土	検知：	DT 荷台状況など
		判断：	最適な放土位置
		検知：	バケット内材料挙動 DT 荷台状況など
		判断：	最適な放土位置
⑤	①〜④を繰り返し		
⑥	積込み完了を DT へ連絡	検知：	積載量など
		判断：	積込み完了

表 1-2　油圧ショベルの自動化レベル（文献 16 より引用）

レベル	定義 例：盛土施工における油圧ショベル		建設機械動作	高効率施工を行うための検知と判断	トラブルへの対応	領域制限
0	自動化なし		運転者	運転者	運転者	あり
1	各動作自動化（個別でよい）		運転者とシステム	運転者	運転者	あり
	「移動」「掘削」「旋回」「放土」動作自動化（個別でよい）「掘削場所」「バケット位置」「放土位置」「各最適な動作」「完了判断」などは人が指示してもよい					
2	一連動作自動化		システム	運転者	運転者	あり
	「移動」「掘削」「旋回」「放土」一連動作自動化「掘削場所」「バケット位置」「放土位置」「各最適な動作」「完了判断」などは人が指示してもよい					
3	高効率施工を行うための検知と判断の自動化		システム	システム	運転者	あり
	高効率施工を行うための，「最適な掘削場所」「最適なバケット差込位置」「最適な放土位置」「各最適な各動作」「積込み完了」などシステムが判断し実行する					
4	トラブル対応の自動化		システム	システム	システム	あり
	例：材料こぼれ，荷崩れ，突発的な障害物など					
5	領域制限の開放		システム	システム	システム	なし

1.5 i-Construction システム学とは

1.5.1 i-Construction からインフラ産業のデジタルトランスフォーメーション(DX)へ

　i-Construction の実現は，近年の ICT(情報通信技術)の著しい発展に負うところが大きい。特に，デジタル情報が無線通信や衛星通信を活用して大容量・高速に伝送可能となるとともに，データ保存・処理などが安価に大量高速に行うことが可能となり，建設生産プロセスの効率化や自動化に大きな期待が寄せられている。他産業では，既に AI 技術を活用した新たな製造工場や Mixed Reality 技術を活用した新たな仕事の仕方が始まっている。建設産業においても，技能労働者向けのアプリ開発 (sharing economy) やデータ共有のためのプラットフォームのサービスが開始されている。これらを推進し，i-Construction を実現するためには，3 次元モデルを含むデジタル情報をインフラ事業の上流から下流の関係者間で共有し，流通する情報に基づき各段階の仕事をスムーズに行うための新たな仕組みを考える必要がある。インフラ産業全体の DX (デジタルトランスフォーメーション) が必要である (**図 1-7**)。

　一方で，建設生産プロセスの効率化や自動化を図るための 3 次元モデルの作成や計測された点群データの処理などに労働集約的な作業が新たに発生している。また，デジタル情報として伝えるのが困難なコミュニケーションも存在する。デジタル技術を活用した社会基盤システム[4]として，インフラ産業全体でどのようなシステムを目指すのがよいかを考えることが極めて重要である。さらに，デジタル社会の技術者には，発展が著しい ICT 技術を有効に活用し，国際競争社会で生き残るための，さらなるイノベーションを創造することが求められる。したがって，次世代の技術者に伝承すべき技術は何かを見極めるとともに，基準やマニュアルを超えて創造力を育成するための技術者教育を考えることが肝要である。教育の手法においても，デジタル技術を活用した新たな手法の開発が期待されている。

　情報通信技術やデータサイエンスは，基礎知識として習得するとともに，各専門分野と融合させて活用することにより，新たな価値やサービスを生み出す。必要なガバナンス，アーキテクチャ，セキュリティシステムなどを構築し，各組織においてデータマネジメント[7]を実践する必要がある。

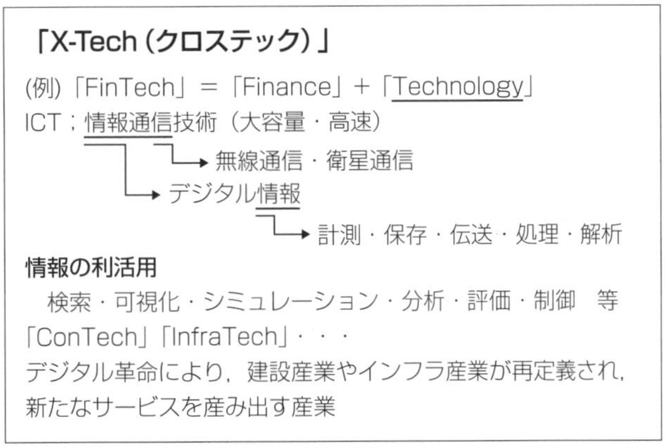

「**X-Tech (クロステック)**」
(例)「FinTech」=「Finance」+「Technology」
ICT：情報通信技術 (大容量・高速)
　　　　→ 無線通信・衛星通信
　　→ デジタル情報
　　　　　→ 計測・保存・伝送・処理・解析
情報の利活用
　検索・可視化・シミュレーション・分析・評価・制御　等
「ConTech」「InfraTech」・・・
デジタル革命により，建設産業やインフラ産業が再定義され，新たなサービスを産み出す産業

図 1-7　インフラ産業のデジタルトランスフォーメーション (DX)

1.5.2 i-Construction システム学とは

i-Construction システム学は，i-Construction を実現するためのシステムを構築し，このシステムを利活用することでインフラ事業の各段階における生産性などを向上させることにより，インフラ事業全体の価値の向上を目指した学問知である。その主要な研究には，インフラ事業の任意の段階で必要なデータ・情報を抽出し，利活用できるよう提供するインフラデータプラットフォームシステム（**図1-3**）や，設計段階で活用可能な3次元モデルを活用した設計照査システムや設計協議のシステム（**図1-4**），施工段階で活用可能な施工計画立案のためのシミュレーションや品質・工程・コスト・安全性などをチェックするためのシステム（**図1-5**）の開発が含まれる。

これらのプロトタイプシステムを開発し，ユースケースを示すことで，新しいシステムの有効性と効果を検証し，今後実装すべきシステムの設計と実現方策を具体的に示すことが可能となる。また，開発されたシステムを活用することにより，設計・施工・維持管理の各段階において，生産性向上に資するイノベーションを創出することが可能となる。建設工事で構築されるインフラは，一般に単品・受注生産であり，環境条件（制約条件）もそれぞれ異なる。したがって，新技術を含めてどのような技術の組み合わせで建設するとどのような結果がもたらされるかを予測できるようになることは，大きな意味を持つ。新しい工場・ロボット・デバイス等の開発の可能性についても検討したい。さらに，施工管理用に開発されている各種デバイスを活用しやすい仕組みを導入するため，新たな施工管理要領やデバイスを認証するシステムの構築方法についても検討する。

開発されたシステムを社会実装し，これを動かすための制度（システム）については，8章に述べる。

 施工計画策定プロセスに着目した仮設構造物プロダクトモデル生成手法の開発

1．研究背景

i-Construction の取り組みのなかで，BIM/CIM（Building Informaiton Modeling/Construction Information Management）の導入など3次元データの利活用は中核をなす技術として注目されている。工事目的物は，3次元プロダクトモデルとして設計段階で構築される。一方で，施工計画の検討に必要な仮設構造物は施工者が設計する必要があり，仮設方法の比較検討のためには3次元モデルを容易に活用できることが重要である。元請会社が仮設を含む施工計画を専門工事会社やメーカーと連携し合理的に検討するためには，3次元モデルを共有しながら代案を比較検討すること求められる。そこで本研究では仮設構造物を比較検討するための3次元プロダクトモデルの生成手法を開発する。さらに，開削トンネ

ル工事を対象に土留支保工のプロトタイプの開発を行った。

2．仮設構造物プロダクトモデルの生成手法の開発

仮設構造物用３次元プロダクトモデルは，部材仕様が分かる標準的な形状を持つジェネリックオブジェクト[1]，詳細計画では設置方法などを検討するために各部材メーカーらが提供するメーカーオブジェクト[1]の２種類を扱い，検討段階に応じて使い分ける。また２種類のオブジェクトを適切に関連づけるための共通オブジェクト名称を有する。これは，関係者間で共通化されたオブジェクトの名称である（**図④-1**）。

変更の多い仮設構造物は特にモデル自体が容易に作成でき，関係者の修正計画を反映できることが求められる。このためモデルをパラメーター制御し自動生成することが可能なパラメトリックモデル[1]を利用することが有益である。

モデルが有するパラメーターは仮設設計情報と各計画によって変更される値が含まれる。仮設設計情報は，部材の断面性能，対象構造物の幅，長さ，高さ，位置などであり，この情報を入力するとジェネリックオブジェクトの３次元モデルが生成される。また各計画によって変更される値は全体計画から詳細計画のプロセスの中で修正が想定される値である。この値を設定することにより検討によって生じる仮設構造物モデルの変更内容を，パラメーター操作によって反映することができ現場でのモデル修正が容易となる。またパラメトリックモデルにより生成されたジェネリックオブジェクトは，共通のオブジェクト名称を利用し詳細計画で仮設材割付図の作成時にメーカーオブジェクトへ置換される。

全体計画
詳細計画
専門工事会社・メーカ
元請
管理職・技術職員
現場管理職・主任
主任・係員
施工ステップ
他計画との調整等
作業手順確定
ジェネリックオブジェクト
（元請が作成）
メーカオブジェクト
（専門工事会社・
メーカ等が作成）
共通のオブジェクト名称等
仮設構造物用3次元モデル

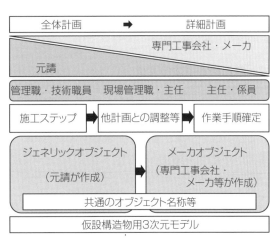

図④-1　仮設構造物用３次元モデルの生成過程

3．土留支保工を対象としたプロトタイプの開発

施工計画の策定に必須となる仮設構造物用プロダクトモデルのうち土留支保工を対象としたパラメトリックモデルを開発する。

図④-2 に土留支保工を対象としたパラメトリックモデルへの入力値一覧を示す。このモデルが有するパラメーターは図-2の左枠に示した仮設設計時

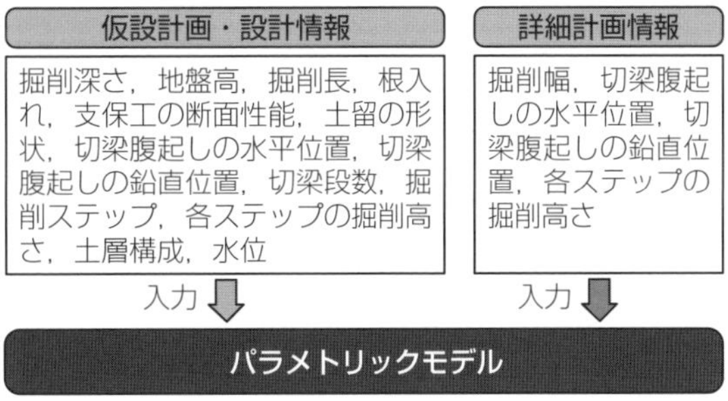

仮設計画・設計情報
掘削深さ，地盤高，掘削長，根入れ，支保工の断面性能，土留の形状，切梁腹起しの水平位置，切梁腹起しの鉛直位置，切梁段数，掘削ステップ，各ステップの掘削高さ，土層構成，水位
詳細計画情報
掘削幅，切梁腹起しの水平位置，切梁腹起しの鉛直位置，各ステップの掘削高さ
入力
入力
パラメトリックモデル

図④-2　パラメトリックモデルへの入力一覧

情報と，計画のなかで変更が想定される値（図 -2 の右枠内）を取り扱う。掘削幅は土留のたわみ量を考慮し現場でオフセットすることが想定されるほか，設置位置に関しては詳細計画時の取付け手順や他工種との取り合いによっては変更になる可能性があるため変数として取り扱うこととした。

　モデル生成に利用したソフトウェアは 3D モデリング用のソフトウェアの一つである Rhinoceros-Grasshopper[2] を利用した。また仮設設計は Kasetsu-5x[3] を利用した。開発したプログラムは事前にモデルとして入力された土留センターラインをもとに，土留，切梁腹起の位置を定義した入力値をもとにベクトル計算し，モデルを生成する。パラメトリックモデルにより自動生成された土留支保工のモデルを**図④-3** に示す。

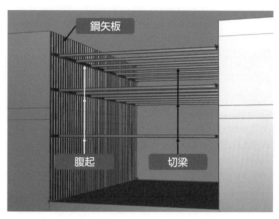

図④ - 3　自動生成された 3 次元プロダクトモデル

4．まとめと今後の展望

　本研究ではパラメトリックモデルによる仮設構造物の自動生成が可能であることを示すことができた。仮設構造物はほかにも足場，型枠支保工などがあり，これらを自動生成するためのパラメトリックモデルを表現するためのプログラムが必要となる。また施工計画を立案するためには，施工シミュレーションなどのほかの機能や立案した施工計画に対する品質，コスト，工程，安全，環境のチェックシステムを有する施工計画検討用のプラットフォームが必要となる。元請会社だけでなく，専門工事会社などのサプライヤーにとっても使いやすいプラットフォームについて，設計，開発する必要がある。また，これら開発したモデルやプログラムをどのように開発，維持管理するかについても検討が必要である。

《参考・引用文献》
[1]　国土交通省「i-Construction の推進」p.6
　　　http://www.mlit.go.jp/common/001149595.pdf（最終アクセス 2021/2/10）
[2]　Rhinoceros-Grasshopper　https://www.rhino3d.com/（最終アクセス 2021/2/10）
[3]　Kasetsu-5x　http://www.engineering-eye.com/KASETSU5X/（最終アクセス 2021/2/10）

《参考・引用文献》

［1］ 国土交通省「ICT が変える，私たちの暮らし〜国土交通分野イノベーション推進大綱〜」2007

［2］ 情報化施工推進会議「情報化施工推進戦略〜「使う」から「活かす」へ，新たな建設生産の段階へ挑む！！〜」2013

［3］ i-Construction 委員会「i-Construction 〜建設現場の生産性革命〜」2017

［4］ 建設マネジメント委員会「i-Construction；社会基盤システムの新たなマネジメント手法として」土木学会令和元年度全国大会研究討論会　研 -07 資料，2019

［5］ 内閣府「科学技術基本計画」（平成 28 年 1 月 22 日閣議決定），2016

［6］ 公益社団法人 土木学会建設マネジメント委員会 i-Construction 小委員会「i-Construction 小委員会活動報告書」2020

［7］ DAMA International 編著『データマネジメント知識体系ガイド（第 2 版）』日経 BP，2018

［8］ 建山和由・横山隆明「ICT を利用した建設施工の高度化と将来展望」計測と制御，Vol.55，No.6，pp.477-482，2016

［9］ 原田純仁「ICT ブルドーザと ICT 油圧ショベルの開発」計測と制御，Vol.55，No.6，pp.523-526，2016

［10］ デジタルクロス「日本キャタピラー，油圧ショベルの IoT 機能を標準装備にし i-Construction 対応を推進」2017

https://dcross.impress.co.jp/docs/usecase/000134.html（最終アクセス 2021/2/10）

［11］ NOVATRON "Machine Control Systems"

https://novatron.fi/en/systems/（最終アクセス 2021/2/10）

［12］ 四家千佳史・小野寺昭則・高橋正光「建機メーカーが描く ICT 建機施工を中心とした建設現場の未来（「スマートコンストラクション」の導入）」建設機械施工，Vol.67，No.12，pp.16-20，2015

［13］ 木村　駿「鹿島のクワッドアクセルを徹底解剖　自動化の秘密，教えます」日経コンストラクション，No.684，pp.43-47，2018

［14］ 大成建設「次世代油圧ショベルによる作業自動化を実証」2019

https://www.taisei.co.jp/about_us/wn/2019/190426_4636.html（最終アクセス 2021/2/10）

［15］ 植木睦央・猪原幸司・北原成郎「『無人化施工』による災害復旧と今後の取り組みについて」建設マネジメント技術，pp.45-53，No.421，2013

［16］ 橋本　毅・山田　充・山内元貴・新田恭士・油田信一「建設機械自動化レベル策定にむけて一盛土施工を例とした検討」第 19 回 建設ロボットシンポジウム，04-1，2019

［17］ JASO テクニカルペーパ「自動車用運転自動化システムのレベル分類及び定義」JASO TP 18004，2018

i-Construction システム学に必要な社会基盤学

2.1 社会基盤学の概要

　本章は，社会基盤学の概要を説明したうえで，i-Construction システム学の基盤となる情報社会基盤工学を説明する。社会基盤学の概要は，全体俯瞰的な概要ではなく，情報社会基盤工学の必要性を示すという視点に立った概要である。したがって，本章の概要は，広く一般に了解される内容ばかりではない。情報社会基盤工学は，i-Construction システム学の目標の一つである，インフラデータのプラットフォームの開発の基盤である。インフラデータプラットフォームは，社会基盤施設の企画・調査・設計・施工・維持管理の全過程で収集されるインフラデータを保存する大規模情報システムである。保存された各段階のインフラデータを別の段階で利用したり，さまざまな段階のインフラデータを集約して新たな目的に利用するための情報システムでもある。

　そもそも i-Construction システム学が創成中の学術でり，その基盤となる情報社会基盤工学も構想の部分が多く，確固たる実体がある訳ではない。常に発展している情報工学の一部の寄せ集めという性格もある。世紀単位の時間で利用されるインフラデータのプラットフォームを開発するためには，継続利用できる情報工学の知見は必須であり，同時に，長期利用できる基盤的な技術の研究も必要である。情報社会基盤工学に関して，本章では，インフラデータのプラットフォームの開発に関わる基礎を整理し，具体的に開発された防災向けの情報システムを紹介する。

2.1.1 二つの流れ

　社会基盤学は英語の Civil Engineering に対応する。従来，Civil Engineering に対応する日本語は土木工学であった。土木工学の分野が拡大したことを受けて，例えば，東京大学では，専攻の名称が土木工学から社会基盤工学，さらには社会基盤学に変更されている。分野の拡大とは，河川・港湾構造物や交通構造物といった社会基盤施設の設計施工から，生産や生活の活動のための地域・国土の社会基盤施設群の計画運用へ，学術の対象が拡大したことを意味して

いる。国内の社会基盤の問題から世界の社会基盤の問題の解決を図るようになったことも分野の拡大である。本章では，社会基盤施設の設計施工を「構造系の社会基盤学」，社会基盤施設群の計画運用を「計画系の社会基盤学」と呼ぶことにする。

　構造系の学術基盤は古典力学である。自然環境の下で長期にわたって供用される社会基盤施設には高い安全性が要求される。道路橋のような構造物の場合，常時，通過する自動車が構造物の劣化に与える影響を考慮することや，地震・津波や台風のような突発的な自然災害が与える影響を考慮することも安全性に関わる。流体・固体の連続体力学が，さまざまな社会基盤施設を設計施工する際の共通の基盤となっている。なお，固体の連続体力学の優れた解法である構造力学は，社会基盤施設の設計には有用な基盤である。連続体力学という古典力学を支える応用数学や計算科学も共通の基盤である（**図 2-1** 参照）。

　社会基盤施設は，文字どおり，社会の基盤となる施設であるが，社会の基盤とは，生産活動を支える基盤や，日々の生活を支える基盤を意味する。個々の社会基盤施設の設計施工とは別に，「地域・国土でどのように社会基盤施設を計画し運用するか」という問いは重要な課題である。社会基盤施設は社会で使うために造られるからである。社会基盤施設総体を有効に利用するためには適切な計画運用が必要である。計画系はこれに応える。構造系の学術基盤が古典力学であることに比べ，計画系の学術基盤は多岐にわたる。生産活動の基盤という点を重視すると，経済学が共通の基盤となるかもしれない。実験観測に基づく理論構築が容易な力学現象に比べ，生産活動や生活に関する汎用的な理論構築は難しく，その分，より広い学術を計画系の基盤としなければならない。

　社会基盤施設は地域・国土での生産活動や生活の基盤である。そして，社会基盤学には，基盤を設計施工する構造系，基盤を計画運用する計画系という二つの流れがある。地域・国土の生産活動や生活に対し，その活動自体を最適化するという目的のために，社会基盤施設の計画運用という計画系があり，活動の手段となる社会基盤施設群を設計施工する構造系がある，と考えることができる。一方，「目的に適した手段を選択し，手段を生かせる目的を設定する」という考え方がある。すなわち，目的と手段は表裏一体という考え方である。目的のための計画系と手段のための構造系という社会基盤学の二つの流れは，この考え方によれば，互いに補完することはもとより，一体となる融合が必要である。

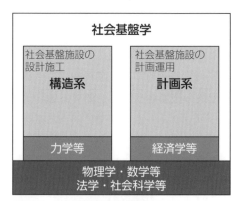

構造系：社会基盤施設の設計施工
計画系：社会基盤施設の計画運用

図 2-1　社会基盤学の二つの流れ

2.1.2　二つの流れの融合

　構造系と計画系は基盤となる学術が異なるため，融合は容易ではない。地域・国土で社会基

盤施設を利用する主体は多数かつ多様であり，主体ごとに目的が異なる場合，選択される手段は主体ごとに異なるためである。しかし，例えば，利用主体の多様性も，所詮は，国土・地域の企業数や人口程度の数である。大容量化・高速化が進む計算機を利用すれば，十分，処理できる程度の多様性であるかもしれない。より即物的に多様性をデータのバイト数で測るとすれば，計算機で処理できない多様性ではないかもしれないのである。基盤となる学術が異なる構造系と計画系であるが，構造系と計画系の情報は処理可能なバイト数のデータであるから，異分野データの統合という情報工学の技術を使って，両者の融合を進めることが具体的な一策として考えられる。

　構造系と計画系の融合は，より良い手段とより良い目的が選択できるようになることを意図している。社会基盤施設のより良い設計施工と，社会基盤施設群のより良い計画運用である。この意図を実現するために，構造系と計画系の情報を融合するのである。したがって，融合の方法はこの意図を叶えるものでなければならない。融合のためのシステムは，構造系と計画系のデータを共存させるというだけのものではなく，構造系と計画系のデータを一体的に処理できるようにすることが重要である。

　効率化の直接の対象は企画から維持管理までの段階であるが，究極の対象は，地域・国土の社会基盤施設の設計施工や計画運用である。すなわち，設計施工と計画運用の最適化である。この最適化には構造系と計画系の融合が必要であり，具体的には，構造系と計画系に関わるインフラデータの一体処理が考えられる。従来は夢物語であった千差万別のインフラデータの一体処理は，近年の計算機と情報工学の知見を適用することで，可能となりつつある。そして，インフラデータの一体処理を行うプラットフォームを開発する学術基盤が，情報社会基盤工学である（**図 2-2** 参照）。以下，この情報社会基盤工学の基礎知識を説明する。

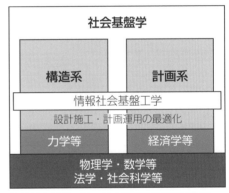

情報社会基盤工学　社会基盤施設の設計施工・計画運用の最適化のための情報工学

図 2-2　二つの流れの融合

2.2　i-Construction システム学の情報学的基礎

　i-Construction システム学の一つの目標は，社会基盤施設のより良い設計施工と計画運用のために，社会基盤施設のインフラデータを一体処理するプラットフォームを開発することである。本節では，このシステム開発に必要な，三つの情報工学的基礎，① 地理情報システム（Geographical Information System，GIS），② 建設情報モデリング（Building Information Modeling，BIM），③ 分散データシステム，を説明する（**図 2-3** 参照）。それぞれ，イン

フラデータの可視化，インフラデータの一体処理，プラットフォームに接続されるデータシステムの連携に関わる情報工学の要素技術であり，プラットフォームの開発には最低限，必要かつ十分と考えている。

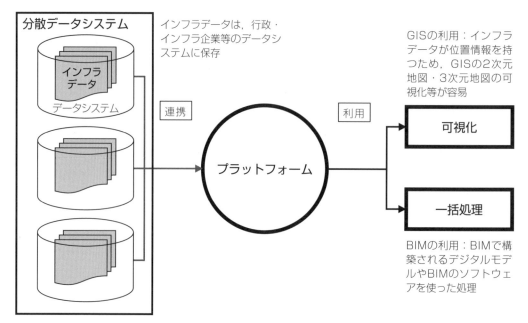

図 2-3　インフラデータプラットフォームの開発に必要な ICT の要素技術

　インフラデータの一体処理というプラットフォームの機能を考慮して，本節では，情報学的基礎の説明に，データ構造とアルゴリズムという共通の視点を設けた。煎じ詰めれば，情報システムはデータを処理するシステムである。より多様でより大量のデータをより効率的に処理するためには，あらかじめ処理に適したデータ構造やアルゴリズムを設定しておくことが望ましい。インフラデータの一体処理は，設計施工や計画運営という構造系と計画系の本来の目的に沿うものであり，今後も大きく変わることはない。効率的な一体処理のために，インフラデータに固有のデータ構造やアルゴリズムを研究開発することは面白い課題である。

2.2.1　GIS

　空間情報学は，地域や国，地球全体の情報を観測し，取得されたさまざまな情報を処理することでその実情を把握することを主な目的とする。実情の把握に際して，2 次元ないし 3 次元の地図を使うところが特徴である。このため，空間情報学では，GIS という情報システムを重用している。社会基盤施設を可視化する際，施設周囲の環境も併せて地図上で可視化することが望ましく，この地図上の可視化のために GIS は極めて有効な道具である。

　可視化のほかに，GIS は，地域や国，さらには地球の空間情報を保存・取得・分析する機能

を持つ．最も重要な機能は，さまざまな事物の空間情報を，適宜，組み合わせることである．この情報の組み合わせを基に，事物の分布のパターンや複数の事物の間の関係を容易に確認・理解したり，さらには関係を分析することができるようになる．一見，無関係と思われる事物に対しても，その空間情報を使って事物を可視化し，空間分布のパターンを分析することで，見逃されていた関係を発見することができる．

　GIS に保存される事物の空間情報のデータには二つの特徴がある．一つは，すべてのデータに位置情報が付随していることである．位置情報には緯度経度や住所・地番など，さまざまな種類があるが，この位置情報は，原則，緯度経度に変換できる．当然のことであるが，この位置情報を使って，GIS のデータは 2 次元地図上に可視化される．高さの位置情報を含むデータは，3 次元地図上に可視化することが可能となる．もう一つの特徴は事物の種類ごとにデータが区分されることである．データの区分はレイヤと称される．レイヤには同一の種類の事物のデータが格納されるため，レイヤ単位でデータを可視化したり，複数のレイヤのデータを分析することで事物の関係を分析することができる．GIS がデータを保存する構造はレイヤ構造と称されるが，データそのもの構造は，個々の事物のデータの集合であるベクトル形式と，地区・地域の面的な常態を示す画像データ（画素・ピクセルを格子状に並べたデータ）のようなラスタ形式に大別される．

　インフラデータの一括処理という観点でみると，個々のデータの構造よりも，データを保存するための構造であるレイヤ構造に注意が必要である．例えば，道路という事物が，国道・県道・市町村道というように階層化されることに倣って，GIS のレイヤも階層化されている．上位がより抽象的な分類，下位がより具体的な分類，という階層であり，この階層は木構造と称される．レイヤが階層化された木構造となっているため，GIS のデータの可視化も，事物全体の網羅的な表示や，特定の事物の選択的な表示には適している．同様に，GIS のデータの分析も，木構造にあわせて，データ全体の分析や特定の事物の選択的な分析が行われる．事物に階層があるため，事物のデータを抽象から具体という方向で分類するという木構造を GIS が採用し，さらに，この木構造にあわせた可視化や分析という機能を有しているのである．

　インフラデータのプラットフォームを開発する際，インフラデータの保存のシステムとして GIS を利用することは合理的である．社会基盤施設が必ず位置情報を持ち，社会基盤施設を抽象から具体に階層化するこができるため，GIS の長期利用も期待できる．GIS の可視化の機能を使うことで，周囲の環境や事物と合わせて社会基盤施設を地図表示することも容易である．GIS のデータ処理で可視化には特段に工夫されたアルゴリズムは開発されていない．外生的に開発された 2 次元ないし 3 次元の可視化アプリケーションを利用することが通常である．なお，広域から一つの社会基盤施設まで，長さスケールを変えて空間情報の可視化を行うことが必要となるが，ここにも GIS 独自の技術は開発されていないようである．

　インターネットを介して利用できる GIS は WebGIS と呼ばれ，Google Map はその代表である．GIS のソフトウェアを各自の計算機にインストールするが，WebGIS ではその必要がない．GIS ではデータリソースにアクセスすることで最新の空間情報を入手することにな

るが，WebGIS ではデータリソースとソフトウェアが一体化しているので常に最新の空間情報が得られる。一方，ソフトウェアとしては，個々の計算機にインストールされる GIS に比べ，WebGIS は巨大であり，開発はもとより維持管理も格段に難しい。メリットとデメリットはあるが，長期にわたってインフラデータを保存することを考えると，プラットフォームは WebGIS を目指すことになる。

　WebGIS は，サーバ・クライアント型のソフトウェアと考えることもできる。システム全体に関わるサーバのソフトウェアと，ユーザがサーバにアクセスするためのクライアントのソフトウェアから構成されるからである。サーバ・クライアント型のソフトウェアは土木技術者には馴染みの深いものではないが，大型情報システムのソフトウェアはこの型となっている。

2.2.2　BIM

　本節では，モデルを実空間の対象を模擬した計算機内のモデル，モデリングをモデル構築のための処理，として区別する。BIM は Building Information Modeling であり，建設産業での情報のモデル構築の処理である。なお，ISO 19650:2019 では BIM を次のように定義している。

　Use of a shared digital representation of a built asset to facilitate design, construction and operation processes to form a reliable basis for decisions.（意思決定の信頼できる基盤として，設計・施工・運用等を効率化するために，建設資産の共有可能なデジタルモデルを利用すること。）

　デジタルモデルは，社会基盤施設そのものやその機能を対象としている。構造物のみを対象としたものではない。なお，BIM のデジタルモデルには二つの源流がある。一つは設計用の構造物デジタルモデル，もう一つは施工期間・費用等の算定や維持管理のためのデジタルモデルである。CAD（Computer-Aided Design）は前者のモデリングのソフトウェアであり，これとは別に，工期・費用算定のソフトウェアが開発されてきた。BIM はこの二つのソフトウェアも統一して使えるようにしている。社会基盤施設の企画から維持管理の全段階を対象とする建設マネジメントの分野では，BIM のソフトウェアは重用されている。

　建設マネジメントのソフトウェアを利用する際，デジタルモデルの互換性の低さが障害となっていた。デジタルモデルをモデルのデータを格納したファイルと考えると，モデルの互換性とは，あるソフトウェアの入力として使えるファイルが別のソフトウェアの入力としても使えることを意味する。あるソフトウェアの入力ファイルを他のソフトウェアで使う際に必要とされる，ファイル変換の手間がかかるほど，互換性が低いということになる。互換性の向上には，データに共通の構造を持たせ，ファイルのフォーマットを共通にすることが有効である。BIM で構築されるデジタルモデルは互換性が高い。同時に，BIM のデジタルモデルが入力と

なることを前提にソフトウェアも開発されることになる。

　BIM で構築される設計用の構造物デジタルモデルは，構造物の幾何形状を表現するデジタルモデルであり，位置情報を付与することで GIS を使って可視化することも可能となる。当初，製図の代替として開発された CAD は 2 次元の図面データを使ってデジタルモデルを作っていたが，現在の BIM の設計用ソフトウェアは最初から 3 次元の構造モデルを作るようになっている。このため，GIS の 3 次元地図上での可視化も可能となる。

　我が国は建築と土木が分離しているため，BIM の利用も建築と土木では BIM の利用も異なる。大雑把に言って，建築では BIM 利用が進んでいる。この理由の一つとして，建築の構造部材や非構造部材は，工場で製造された共通の部材を使うことができる点が挙げられる。広く製造業分野では部品を統一することで効率化を進める必要性があり，極端な例えであるが，自動車と飛行機で同一の部品を使う，もしくは，自動車と飛行機で共通に使える部品を作る，という統一である。共通の部品を使うことは，設計のための構造物のモデリングにも効率化をもたらす。部品の統一化のために，IFC（Industrial Foundation Class）が提案され，実用化されてきた。IFC は工業製品全般のモデリングのための共通フォーマットである。建設業でも IFC が導入され，その具体例が，工場で製造される共通の部材である。なお，BIM に対応して，CIM（Civil Information Modeling）という概念も我が国では提案されている。なお，元来，BIM は設計に限定されたものではなく，BIM では設計用の構造物デジタルモデル以外のデジタルモデルも構築し，かつ，利用することは強調したい。

　BIM で構築される設計用の構造物デジタルモデルのデータ構造は，GIS と同様，木構造となっている。一般に，社会基盤施設はいくつかの部分から構成され，さらにその部分は部材から構成されている。例えば，橋梁は，橋桁・橋脚・基礎の部分から構成され，さらに橋桁の部分は梁・板などの部材から構成されているのである。構造物を部分から部材という階層化することに合わせて，構造物デジタルモデルのデータ構造は木構造を採用しているのである。また，構造物デジタルモデルは設計のための構造解析に使われるが，デジタルモデルそのものは構造解析の入力とはなるとは限らない。構造解析のソフトウェアの入力となる固有のフォーマットを持つファイルに変換して初めて，構造解析に使うことができるようになる。このように，デジタルモデルに関する主要なデータ処理は，ある形式のデータからほかの形式のデータへ変換することである。このようなデータ変換という処理を行うには，木構造というデータ構造と，木構造の最下部にあるデータごとに変換するというアルゴリズムは適している。

2.2.3　分散データシステム

　社会基盤施設の所有者は，国・自治体や交通・エネルギー・通信といったいわゆるインフラ企業である。現在，社会基盤施設の所有者が自分の社会基盤施設のインフラデータを保存している。所有者がインフラデータの保存のためのデータシステムを整備することを前提とすれば，インフラデータのプラットフォームは，さまざまなデータシステムに接続し，各データシ

ステムに保存されたインフラデータを検索・取得する機能が，まず必要となる。ついで取得したインフラデータを本節は，プラットフォームとそれに接続されたデータシステム群を分散データシステムと称する。以下，インフラデータそのものが分散データシステムに保存されること，インフラデータのプラットフォームは分散データシステムのデータを検索・取得し一括処理すること，を前提とする。

インフラデータの場合，検索の機能が重要である。一般に，分散データシステムでは検索のためのデータカタログを整備する（**図 2-4** 参照）。本章では，データカタログをデータ全体の概要という意味で使う。同種類・同内容のデータを保存したデータシステムの場合，データカタログは有用である。一方，種類は同じでも，内容が異なるデータの場合，データ全体の概要であるカタログでは検索には不向きである。メタデータと称されるデータの概要を，個々のデータに揃えることが必要となる。インフラデータの場合，例えば，定形の電子納品のファイルは標準化された同種類のデータである。同種類のデータの検索にはカタログで十分である。工事報告書や調査記録は同種類であるが，内容がさまざまであるため，報告書や記録の一つ一つにメタデータが必要となる。

分散データシステムのためのソフトウェアはさまざまなものが研究開発され実用化されている。これは，データカタログの整備や，データの転送をより容易にするためのソフトウェアである。公共機関の公開データは，一般にオープンデータと称され，インフラデータのプラットフォームの機能である一括処理のような二次利用が可能なデータである。このオープンデータのための，ソフトウェアの代表が CKAN（Comprehensive Knowledge Archive Network）

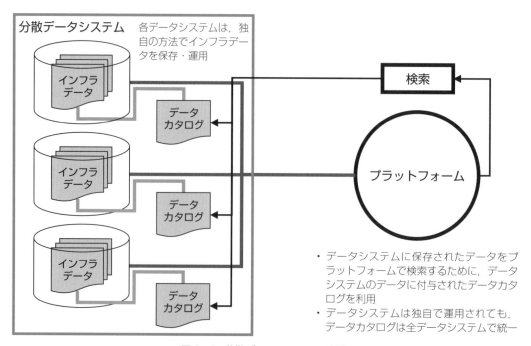

図 2-4　分散データシステムの連携

である。CKAN にはデータカタログを作成する機能や，データカタログを別のデータカタログに変換する機能がある。

　近年，我が国で開発されたコネクタは，新しい分散データシステムのためのソフトウェアである。高度なデータ処理とデータ転送の機能を備えたインタフェースを介してプラットフォームとデータシステムを接続する（**図 2-5** 参照）。コネクタのデータ処理の特徴はデータの差異を吸収し標準化する機能である。前述のように，インフラデータの場合，国・自治体やインフラ企業の数ほどのデータシステムが存在することになり，情報セキュリティを確保しつつ，接続を容易にすることは重要である。コネクタのような最新のソフトウェアの利用が考えられる。

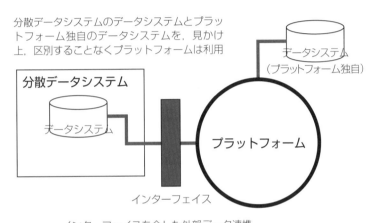

図 2-5　コネクタの特徴

2.2.4　その他の情報工学の基礎的知識

（1）ソフトウェア工学（システム開発）

　インフラデータのプラットフォームは煎じ詰めれば情報システム開発である。情報システム開発の基盤となる学術はソフトウェア工学である。ソフトウェアの開発・運用・保守に関する学術であるが，我が国の社会基盤学では，設計のための数値解析を重視してきたため，その分，システム開発のためのソフトウェア工学を軽視してきたように思われる。汎用の数値解析手法が整備された今日，システム開発の重要度は増している。インフラデータのプラットフォームの場合，将来，効率的・効果的な長期運用のための運用・保守が必要となるが，現時点では開発が重要である。ソフトウェア工学では，開発に際して，目標とするソフトウェアの品質を設定し，実現することを重視している。プラットフォームの機能である一括処理に関しては，品質は適用範囲や処理の結果の信頼度を測る目安となる。開発コストに見合った，もしくは，コストパフォーマンスの良い品質を設定し，実現することが望まれる。なお，ソフトウェア工学では，品質を保証するための方法論（verification and validation，検証と妥当性確認）も確

立されている。この方法論の利用も必要である。

（2） 一括処理（データの統合技術）

社会基盤施設の新設に際して BIM の利用が推奨される今日，近い将来には，インフラデータの実体が BIM で構築されるデジタルモデルとなることが想像される。インフラデータが自然と標準化されるようになるため，BIM のデジタルモデルを入力とするさまざまなソフトウェアを使ったインフラデータの一括処理が可能となる。このような一括処理には，一括処理を実行する高度なソフトウェアの開発が重要となる。なお，BIM の源流の一つが CAD であるため，BIM のソフトウェアは必ずしも社会基盤施設に最適のものばかりではない。多種多様というインフラデータの特徴を踏まえることはもちろん，構造系と計画系の融合にも合う，一括処理のための高度なソフトウェアの開発が必要である。具体的な一括処理として，複数の社会基盤施設と周囲の環境を一体としたシミュレーションが考えられる。次節で説明する都市の防災シミュレーションはこの例である。

（3） データ構造とアルゴリズム

データ処理の規模・速度・効率を向上するためには，データの構造と処理のアルゴリズムを一体として考えることが必要である。データ構造に適したアルゴリズム，もしくは，アルゴリズムに適したデータ構造がある。本節で紹介した，GIS と BIM は，木構造のデータ構造を持つデータのソフトウェアである。抽象から具体，全体から細部というような構造化が可能なデータは木構造になじむ。可視化やモデル構築という処理には，木構造というデータ構造と，細部の処理を組み合わせて全体の処理を行うというアルゴリズムは有効である。一方，異種のデータを組み合わせた一括処理の場合，木構造と部分処理を組み合わせた全体処理というデータ構造とアルゴリズムが効率的とは限らない。木構造は，階層化された分，柔軟性に欠ける。一括処理のためには，木構造の代替として，データをノード，データの関係をリンクとするグラフ構造が考えられる。グラフ構造を採用した場合，一括処理のアルゴリズムもグラフ構造に適したものを考案することが必要となる。

コラム❺
（研究紹介） **3 次元モデルを活用した道路占用申請・許可支援システムの開発**

1．研究の目的

道路維持管理においては，社会資本の老朽化が進んでいることや働き手の減少が進んでいることから，業務の効率化が求められている。一方で，社会情勢としては国土交通省が，現実空間を仮想空間で再現し，再現したデータを活用することで業務効率化を目指すデジタルツインの実現に向けて国土交通データプラットフォームの構築を進めており，2020 年 4 月に一般に公開が行われた。また，BIM/CIM の普及についても，国土交通省管轄における

活用業務・工事数が，2012 年度には 11 件であったものが 2019 年度には 361 件まで増加する[1] など飛躍的に伸びてきており，今後のデータ管理を行う形式としては，従来の紙ベースとなることを想定した 2 次元データから，3 次元モデルへと移行していくことが想定される。

　これらの背景を踏まえて，3 次元モデルの活用やシステム化によって道路維持管理の効率化・高度化を目指すことが本研究の大きな目的である。

　本稿では，東京大学 i-Construction システム学寄付講座において開発を進めている，3 次元モデルを活用した道路管理に携わる各種審査と判断を支援するシステムについて，その概要および今後の展望を紹介する。

2．道路占用許可・審査業務の概要と課題

　道路管理事務の体系としては，①日常的な巡回，路面清掃，ポットホールへの対応をはじめとした路面管理などの維持業務，②橋梁やトンネルをはじめとした構造物や舗装などの点検・診断・補修などの修繕業務，③交差点改良などの交通安全事業や電線共同溝の整備，④道路法 32 条等に基づく占用許可などの許認可業務の大きく 4 分野に分類ができる。本研究では，3 次元モデル活用による効率化や，占用事務における審査や判断について効率化・高度化の余地が大きいと考え，④の占用などの許認可業務についてシステム開発による効率化・高度化の検討を進めている。

　現状の道路占用申請事務のうち，地下埋設物件の位置情報は事業者が個別に管理を実施している。地下埋設物の申請の際には，申請する事業者は位置精度や整理様式がバラバラな各社の埋設物情報を収集し，主に 2 次元の平面図，断面図にて埋設位置の検討と申請書類の作成を行っている。道路管理者は申請書類を受けて，2 次元図面に描かれた申請物件の位置情報をもとに，法令で定められた埋設位置の基準を満たしているかどうかの審査を行っている。

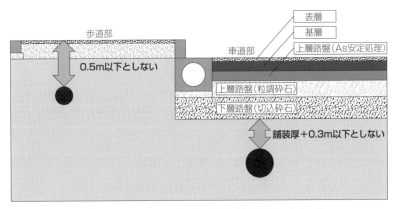

図⑤-1　水管またはガス管の埋設位置基準のイメージ

3．支援システムの概要

　本研究では，既存の地下空間と申請を行う物件を 3 次元モデルで再現し，特に水管または

ガス管の占用の場所に関する基準を満たすかを自動で審査する機能について開発を進めている。なお，将来的には占用申請を行いたい事業者が申請する物件の３次元モデルを作成し，既存の地下空間の舗装構成や埋設物に関する３次元モデルは BIM/CIM 活用業務・工事の成果を受け取った道路管理者が収集整理していくことを想定している。

そのほか，３次元モデルが地理情報を持っていることで，場所や物件に紐づく情報の取得が容易となることから，道路管理者の定性的な判断を要する審査には過去事例や関連通達を位置情報や事業内容から検索ができる判断支援機能の実装を検討している。具体的には，現在の道路情報の管理方法では占用に関する申請書，決済書類，舗装の修繕などのさまざまな情報が異なる部署で保存されており，保存方法も電子データ，紙データがそれぞれにある状況である。また，関連通達については日々の更新がなされている状況で，１区間の道路に関する情報を収集するにも手間と時間がかかる。占用申請許可審査の際には，周辺の既存埋設物件を許可した経緯を把握する必要や，似たような過去事例がないかを参考にして審査を行うこともあるが，地図上に３次元モデルにて現地を再現し，その

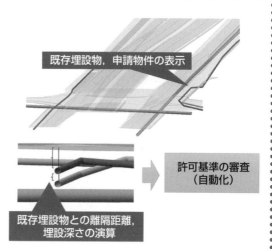

図⑤-2　３次元モデルによる審査自動化イメージ

地理情報や埋設物件に対して各種情報がメタデータとともに紐づくことで，情報収集にかかる時間と手間が大幅に縮減されることが期待される。

４．今後の展望

占用に関する審査業務は，空間的な基準だけではなく工事の実施時期や占用の期間といった基準を審査する必要もあるため，審査前後の事務手続きを踏まえた，占用審査業務を代替えできる支援システムの開発を進める。

また，３次元モデルを用いることで水管またはガス管の占用の場所に関する基準を満たすための審査の自動化を図る機能開発を進めているが，占用事務で扱う物件は，道路地下空間において下水道管や電線など多岐にわたる。また，地下だけでなく地上の公衆電話所や建物の袖看板なども占用許可申請の対象であり，それらの審査について，３次元モデルを用いることで道路管理者の業務効率化に資する手法の具体化を進める。

《参考・引用文献》
［1］　国土交通省「第４回 BIM/CIM 推進委員会_資料２これまでの取り組みへの対応について」（2020 年 9 月 1 日）

**河川協議を対象とした 3 次元モデルを活用した
許認可審査自動化・支援システムのプロトタイプ開発**

1．開発背景と開発目的

　河川に関わる区域における施設設置や土工事などを実施する場合には，行為を行う者は河川管理者に施設内容に応じた許認可を得る必要がある。河川に関わる許認可を得るために実施する河川管理者へのヒアリングや申請図書の提出などを含めた協議が河川協議と言われており，河川協議には多くの図面や検討書を必要とすることから図書の作成にも審査にも審査側および申請側双方にとって大きな手間となっている現状がある[1]。この手間の要因として，2 次元図面の整合性チェックや事前ヒアリングを審査時点で有効活用できていないこと，審査主体が申請内容に応じて複数となることなどが挙げられる。本開発の目的は，河川協議に係る手間を削減するために，3 次元モデルを活用した許認可審査自動化・支援システムを将来的に実現するためのプロトタイプの開発である。

2．開発するプロトタイプの位置づけ

　河川協議での審査内容は申請内容に応じて多岐にわたるため，プロトタイプとして開発する部分を次の条件で選定した。① 提案するシステム全体の実現性を検証できること，② 3 次元モデルを有効活用できること，③ 審査条件に従って自動的に判定できること，④ 判定結果を 3 次元モデルに描写できることを選定条件とした。選定した審査システムは，河川法第二十六条第一項における河川管理施設等構造令のうち【各部材の構造が適切か】の審査項目の一つとした。

　　対象構造物：河川内に設置する取水堰

　　対象河川　：2 級河川

　　審査項目　：計画高水位に対して非越流部または堤防の高さが必要な余裕高を有している

3．開発するプロトタイプのアルゴリズム

　選定した審査システムを構築するアルゴリズムを**図❻-1**に示す。本プロトタイプ開発の中で実現する部分をハッチングで示す。プロトタイプにより，① クラウドベースの審査システムを構築すること，② 入力情報を Web ブラウザで表示できること，③ 入力情報を基に 3 次元モデルの一部データを変換できること，④ 3 次元モデルデータを活用して審査判定ができること，⑤ 審査の判定結果を 3 次元モデルデータの一部に描写できることの実現性を検証する。

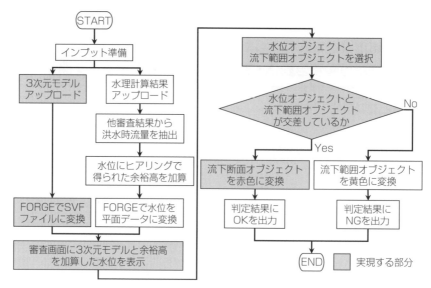

図⑥-1　審査項目の審査手順の詳細例

4．プロトタイプ構築

　構築するプロトタイプの概要を**図⑥-2**に，審査画面のイメージを**図⑥-3**に示す。また，プロトタイプ構築にあたっての審査の判定の流れは次のとおりとする。

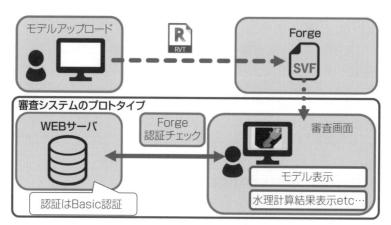

図⑥-2　構築するプロトタイプの概要

- 変換する3次元モデルの水位サーフェスをクライアント側が選択
- 水位サーフェスの所定の高さを審査画面にて入力
- 水位サーフェスの高さを所定の高さに変換
- 水位サーフェスと流下範囲オブジェクトがXY平面で交差しているか自動判定
- 水位サーフェスと流下範囲オブジェクトがXY平面で交差している場合，水位サーフェスと流下範囲オブジェクトが流下範囲オブジェクトの高さを取得

- 水位サーフェスの高さが流下範囲オブジェクトの一番低い高さから一番高い高さの間にあれば「交差している」と判定
- 水位サーフェスと流下範囲オブジェクトが「交差している」と判定された場合，流下範囲オブジェクトの色を変換

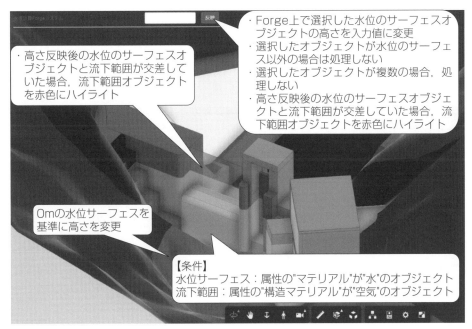

図⑥-3　審査画面のイメージ

《参考・引用文献》

[1]　小澤一雅・玉井誠司「3 次元モデルを活用した許認可図書審査の自動化システム構築手法」JACIC 研究助成事業活動報告，2020

2.3 データプロセッシングプラットフォーム (DPP)

2.3.1　i-Construction システムの特徴と配慮すべき点

　i-Construction システムには，社会基盤を対象とするという性質上，システムの長期継続性が要求される。長期利用を実現するには，既存のシステムを停止することなく将来の新しい要素技術に対応できる柔軟性と拡張性，不具合を柔軟に修正できるメンテナンス性が要求される。一方で，将来のイノベーションによって，上位のサブシステム以下コンポーネントまでをごっそりとリプレースすることが望ましい状況も予想される。しかしながら，将来にわたって建設のさまざまな分野で提案される自動化・効率化すべてを現在において網羅的に把握するこ

とは不可能であるから，全体像が不明な状況下で i-Construction のサブシステム開発を進め
ることが必要である。言い換えれば，将来的にほかのサブシステムと連携して機能できるよう
に，また，当該サブシステムを新規サブシステムと簡単にリプレースできるように，個々のサ
ブシステムを設計しておくことが重要となる。さらに，現在の技術で実現可能な部分，現在の
延長線上で将来実現が予想される部分，技術革新があって初めて実現できる部分を理解し，対
応を想定しておく必要がある。そのためには，与えられた入力に対して正しく要件を満たす出
力が得られるか否かを明確に判断できるよう，サブシステムの要件を明確にしておくことがこ
こでもやはり求められる。要件を満たしさえすれば，手段を選ぶことなく，最新技術を躊躇な
く導入し，リプレースを行うことが可能であるから，要件の設定は重要である。

　システムが長期利用される間，さまざまな技術革新が生じるが，従来技術を特定の最新技術
に単に置き換えるだけでは，ナンセンスな状況が生まれることがあるので，注意が必要である
（**表 2-1** 参照）。例えば，設計プロセスで紙図面から 3DCAD への変更がなされたならば，シ
ステム上で 3DCAD データを円滑に流通させる方法も同時に検討しなければならないという
ことである。ここで重要なことは，新しい方法を導入する際に，従来の方法からの単純な置き
換えを図るのではなく，新しい方法に応じてシステム全体を修正していくということである。
例えば，紙図面からデジタルデータに変化した状況下でデジタルデータを授受する際に，記録
したメディアを郵送することは，デジタルデータの有用性を十分に生かしていないことにな
る。i-Construction システムの根幹の一つはデジタル化であるから，デジタルデータならで
はの付加価値を意識したシステム開発が求められる。ただし，従来の建設システムに新しい
要素技術を付加することで既存システムが停止することは避けなければならない。社会基盤と
密接に関連する i-Construction システムの運用においては，新コンポーネントの十分な検証
とリプレース方法の十分な検証が必要となる。

表 2 - 1　新要素技術の活用のための対応

	旧要素技術	新要素技術	システムへの対応
図面の作成	紙媒体	CAD データ	○　ネットワークを活用したやりとり
			×　メディアの郵送（紙が CD-ROM に変わっただけになっている）
検査	実地検査	施工データ	○　施工データの改竄対応と検査の自動化
			×　実地検査で施工データの再確認（施工データを収録することが目的になっている）
データ収集	物理メディア	クラウド	○　API 活用による収受の自動化
			×　ダウンロード・アップロード（人間が操作することが前提になっている）
ビジュアライゼーション	個別にグラフや表を描画	汎用のダッシュボード	○　汎用利用可能なデータ形式
			×　特定のソフトウェアに依存したデータをダウンロードして手動で描画（データがアップデートされても追随できない）

2.3.2　i-Construction システムの要求定義例と要素技術

　現在，我々が実現可能な省力化・効率化のさまざまな取り組みは潜在的に i-Construction サブシステムとなるものである。本節では例として，納品データの多角的活用を i-Construction サブシステムとして設定し，システムズエンジニアリングで一般的な手法[1] を用いて，要求定義と必要な要素技術を検討してみよう。システムズエンジニアリングは ISO/IEC/IEEE 15288 で国際標準規格化されており，広範な領域を含むものである[2] が，本項では，システム要求定義プロセス，アーキテクチャ定義プロセス，設計定義プロセスに関する事項に絞って扱っている。強調したいことは，i-Construction システム，もしくは，そのサブシステムを設計する際には，従来の土木工学の専門知識に加えて，他分野の技術を理解したうえで適切にシステムを設計することが不可避であるということである。

図 2-6　現状のデータ納品とその後の利活用 (手渡しなど)

　2020 (令和 2) 年現在，測量や点検記録のデータは CD-ROM など書き換え不可の物理メディアにデータとドキュメントを記録して納品することが一般的である (**図 2-6** 参照)。こうしたデータは社会基盤を人間に例えると定期健康診断結果に相当し，未来のある時点での利活用が想定されるものである。そこで，達成すべき目標を，物理メディアに記録されたデータを倉庫に保管しておくのではなく，さまざまな利活用が常時可能な状態に保ち多角的活用を促すことを実現することと設定し，これを実現するシステムを例として設計してみよう。目標設定においては，定量的な成功基準：サクセスクライテリア (エクストラサクセス，フルサクセス，ミニマムサクセス，あるいは，松竹梅など) を設けることが望ましい (**表 2-2** 参照)。この例題では，次のように設定する。

表 2-2　サクセスクライテリア

エクストラサクセス (松)	80 % 以上の社会基盤のデータについてシステムが自動的に処理して汎用的に納品から活用までをオンライン化する
フルサクセス (竹)	提示した条件を満たす社会基盤のデータについて納品から活用までをオンライン化する
ミニマムサクセス (梅)	特定の社会基盤のデータについて納品から活用までをオンライン化する

　前提条件として，納品物はすべてデジタルデータに限定し，構造物や模型は含まないものとするとシステム要求には以下のようなものが想定される。

- 物理メディアを介在せずに納品が可能
- データの多角利用が容易
- データ納品新技術への対応が可能
- 他システムとの連携が可能

また，制約条件として，2020 年の一般的な技術を利用するものとする。

まず，以上の要求と制約を基に，要求とそれぞれの内容を列挙したシステム要求書を定める（**表 2-3** 参照）。システム要求書には技術的情報はまだ含まれていなくともよい。

表 2 - 3　i-Construction 志向の電子納品システム要求書

要求源泉	要求項目	要求内容
システム要求	納品方法	インターネット回線を用いたサーバクライアント方式
	改竄防止	オリジナルデータと送付データの照合 リファレンスデータの確保
	拡張性	自動データ納品のインターフェースはデータフォーマットに応じて改変可能
	多角利用	全データに時空間情報を付与，コンテンツを明示
	連携利用	自動的データ授受のための API を整備
制約条件	一般的技術	手動操作については，Windows OS 上の Web ブラウザインターフェース

次にシステム要求書をもとにその仕様を実現するための解を検討し，システムのアーキテクチャ設計を行う。この段階から機能ブロックに加えて，物理的な構成（ハードウェア，ソフトウェア）のイメージが必要となる（**図 2-7** 参照）。したがって，建設分野のデータ納品の現状やニーズといった当該分野に携わる者の知識と経験に加えて，情報工学の知識も必要となる。

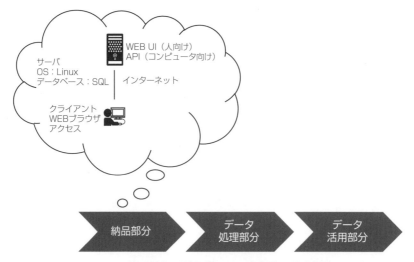

図 2 - 7　納品部分の機能ブロックと物理的な構成の例

満足な機能設計が行われない場合には，ぶらんこの漫画 [3] のように意図しないシステムが構築される危険性が高まるから，垣根を作ることなく広い視野と知識に基づいて機能設計を行うことが重要である。例として納品部分についての機能ブロックと物理的な構成を示す。機能設計は，システムを構成する機能ブロックそれぞれの連携を示すことであり，物理設計は，システムを構成する機能ブロックの物理設計である。以下は例として簡略化しているが，実際にはサーバ OS のバージョンや API の仕様，通信トラフィックの量に応じた適切なハードウェアなど詳細な設計が含まれる。

　システム要求を機能ブロックに分解する際には，各機能への要求と物理設計結果の対応を明確にして，結果としてシステム要求が満たされない場合に問題箇所が特定できるように，トレーサビリティを確保することが重要である。この段階で，もし問題箇所の特定が困難な設計になっていた場合には，システム要求書を再検討してトレーサビリティを向上させることが，トラブル発生時に手戻りを少なくし，また，将来の拡張を容易にすることにつながるため，重要なプロセスである。各機能ブロックに対して，物理的な構成が想定可能となり，全体の整合性が確認できれば，適切な分業，すなわち，適切な工数を想定可能な外注などによって機能ブロックを製作し，システムの統合に向けた開発を進めることが可能になる。

2.3.3　データプロセッシングプラットフォーム (DPP) の思想と実装

　i-Construction における情報は，CAD データなどの設計データ，監視や維持管理を目的とした計測データなどがあり，これらを連携させて活用することで，効率化を図ることが求められる。設計データは想定される対象物の予定の集合であり，計測データはある時刻，ある場所における状態量の集合である。これらのデータが表す対象は唯一であり，曖昧さは存在しない。したがって，データの持つ本質がもれなく表現されていれば，いかなるデータ形式にも変換可能である。例えば，降水量のデータは，テキスト形式であれ，エクセル形式であれ，本質的な量は同じであるから，必ずどのようなデータ形式にも変換可能である。ただし，建設分野に存在するさまざまなデータ形式の中には，一つのデータ群だけでは対象を特定できない場合がある。例えば，基準点を原点として座標系を設定して物理量を計測したデータ群は，基準点の地球上 (あるいは宇宙空間内) の位置を示す情報がなければ，対象物が不明となり，再利用ができない無意味なものになってしまう。こうした状況に陥らないよう，対象物との対応づけが担保されるデータ群を蓄積することが重要であり，単体では意味を持たないデータ群は，データ群を統合するなどして使いやすい自立したデータ群に変換して流通させることが理想的である。すなわち対象物の持つ本質的な量を中間データとしてデータ変換を行うことが汎用性の高いデータ変換の基本となる思想である。このように，特定のデータ形式を定めるのではなく，各分野において標準的に使用されているデータ形式を尊重しながら，データの本質的な部分を抽出した中間データを用いて，さまざまなニーズに応じたデータ変換と供給を行うことがデータプロセッシングプラットフォーム (Data Processing Platform：DPP) の思想である。

データ変換は通常ソフトウェアを用いてコンピュータによって実行される。複数のデータが M 種類存在する場合，N とおりの用途のための変換のためのソフトウェアを作成することを考える。個別に作成する場合と媒介データを用いる場合を比較すると，前者は M × N とおり，後者は M ＋ N とおりとなり，データの種類が多くなるほど後者の優位性が高いことが明らかである。

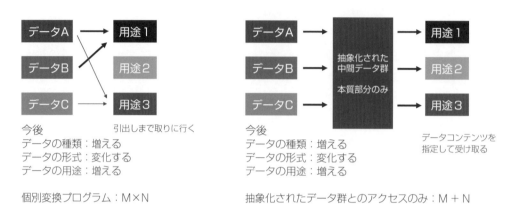

図 2 - 8　直接変換と中間データ利用変換の比較

実際のソフトウェアではサイズの制約や速度の観点から，部分集合のデータが用いられることも多く，異なるソフトウェアでの利用や異分野での活用を試みる際に変換に問題が生じる。もともと含まれない情報を変換することは不可能であるが，欠落した情報を専門分野の知識から類推して保管する試みも行われている[4]。将来の再利用時に混乱を招かないように実データと推測データの区別は必要となるが，欠損データの補完はニーズの高い分野であり，さまざまな応用が期待できる。

2.3.4　DPP による情報の汎用化と統合

構造物を設計した図面データは，2D 図面であれば，3 次元の対象物を 2 次元に投影した情報であり，3DCAD データであれば，仮想空間に配置された対象物の情報である。この情報に基づいて実空間に対象物を配置していくプロセスが建設である。対象物が実空間に登場した後に新たに付加される情報，例えば，経年変化や損傷，点検記録，補修記録といった維持管理情報などは，逐次もれなく蓄積されることが望ましい。このとき，新規情報はいつでも再利用しやすい形式で蓄積されることが重要である。社会基盤構造物は移動することなく空間上のある地点に留まることが通常であるため，GISデータとして整理することが容易である。しかし，ある社会基盤構造物のあらゆるデータを存在する地点と関連づけるだけでは全く不十分であり，点検記録であれば構造物の建設地点以上の分解能，すなわち，構造物内の位置レベルの分解能をもともと保持しているのだから，こうした高い分解能を生かしたデータ活用方法が望まれる。蓄積されたデータを将来のある時点で利用する際に，位置 p，時刻 t を引数として，蓄

積された各種情報が $f_1(p,t)$, $f_2(p,t)$ … のように引き出せるシステムが自動化に適している。領域Ω, $t_1 <$ t $< t_2$, を指定して, 任意の時空間の特定のデータにアクセスできるシステムにおいては, データへのアクセス, 利用者固有の用途に応じたデータ変換はすべて自動化することが可能である。自動化においては, 映像化 (ビジュアライゼーション) を用いた人間による判断は不要であり, データを用いてアルゴリズムに沿って処理・判断を行うことが重要となる。

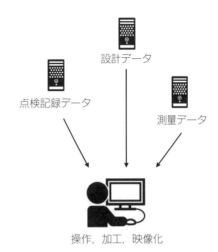

図 2-9 現状のデータ蓄積と GIS による処理

注目する空間領域と時間範囲におけるデータは, 現実の生活空間をサイバー空間にコピーしたデジタルツインを構築するには, 現状では蓄積量がまだまだ少なく, 構造物の位置と形状がサイバー空間に蓄積されているに過ぎない状況である。現在のサイバー空間の都市情報は, 3D 映像化のための構造物データ群であるが, デジタルツインの真価は, 高い空間分解能で時空間データが過去から未来まで存在するサイバー空間が実現され, 現実空間では不可能な社会実験が遂行可能なことである。そのためには, さまざまなセンシングによって得られるさまざまなデータをサイバー空間上の時空間に蓄積すること, すなわち, 時空間への情報のラベリングが重要となる。

一般に流通しているデータ形式には, i-Construction システムで扱いやすいものと, 変換・加工を要するものとが存在する。例えば, JPEG フォーマットの写真データはメタデータが充実

緯度	経度	標高	年月日時	メタデータ	値
35.743298	139.820563	5.0	20190214 14:56:30	BIMデータ	Bridge.ifc
35.743199	139.820650	5.0	20180620 15:02:05	損傷記録写真	Record.jpg
35.743298	139.820563	1.9	20200401 10:12:15	河川定期横断測量データ	1.5m

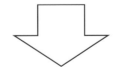

時空間情報からメタデータを用いて必要データを抽出

図 2-10 時空間とメタデータによるデータ蓄積と DPP による処理

しており，空間へのラベリングに適している (**表 2-4** 参照)。しかしながら，メタデータの付与は必須ではなく，標準的な活用方法の確立も行われていないため，すべての写真データが十分なメタデータを保持しているとは限らない。こうした場合には，含まれていない情報を DPP によって補完したり，位置情報を GPS レベルから構造物内の位置情報へと詳細化したりすることで，撮影日時メタデータと合わせて高分解能な時空間にラベリングすることが可能になる。PDF フォーマットの文書データは，印刷物の置き換えとしては大変優れているが，データの保管形式としては困難が多い。スキャンされた図面が PDF 化されたものは，デジタルデータであるが，キーワードや数値を抽出するためには OCR を援用する必要があり，元々の CAD データと比べると情報の再利用性が低い。こうした既存のデジタルデータから，中間データとなる情報を抽出することも DPP の役割である。今後は，点検記録などはもちろんであるが，すべてのデータ

表 2-4　JPEG の位置情報に関するメタデータ[5]

タグ番号	名称	内容
0	GPSVersionID	GPS タグのバージョン
1	GPSLatitudeRef	北緯 (N)or 南緯 (S)
2	GPSLatitude	緯度 (数値)
3	GPSLongitudeRef	東経 (E)or 西経 (W)
4	GPSLongitude	経度 (数値)
5	GPSAltitudeRef	高度の基準
6	GPSAltitude	高度 (数値)
7	GPSTimeStamp	GPS 時間 (原子時計の時間)
8	GPSSatellites	測位に使った衛星信号
9	GPSStatus	GPS 受信機の状態
10	GPSMeasureMode	GPS の測位方法
11	GPSDOP	測位の信頼性
12	GPSSpeedRef	速度の単位
13	GPSSpeed	速度 (数値)
14	GPSTrackRef	進行方向の単位
15	GPSTrack	進行方向 (数値)
16	GPSImgDirectionRef	撮影した画像の方向の単位
17	GPSImgDirection	撮影した画像の方向 (数値)
18	GPSMapDatum	測位に用いた地図データ
19	GPSDestLatitudeRef	目的地の北緯 (N)or 南緯 (S)
20	GPSDestLatitude	目的地の緯度 (数値)
21	GPSDestLongitudeRef	目的地の東経 (E)or 西経 (W)
22	GPSDestLongitude	目的地の経度 (数値)
23	GPSBearingRef	目的地の方角の単位
24	GPSBearing	目的地の方角 (数値)
25	GPSDestDistanceRef	目的地までの距離の単位
26	GPSDestDistance	目的地までの距離 (数値)
27	GPSProcessingMethod	測位方式の名称
28	GPSAreaInformation	測位地点の名称
29	GPSDateStamp	GPS 日付
30	GPSDifferential	GPS 補正測位
31	GPSHPositioningError	水平方向測位誤差

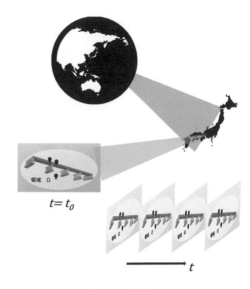

図 2-11　GIS 的な時空間情報と BIM・CIM 情報が融合されたサイバー空間のイメージ

は，将来に参照されることを想定し，再利用性を意識した形での蓄積が強く求められる[6]。

BIM・CIM も社会基盤構造物に情報を付与するという点で時空間への情報のラベリングと近い概念を持つ。しかし，i-Construction システムにおける対象物は社会基盤構造物だけでなく，地盤，斜面，河川といった自然物をも含む。センシングされたデータを自動的に時空間にラベリングする技術に，DPP を適用することで，サイバー空間の情報密度が向上し，異なる時間，異なる空間をまたいだデータ活用が可能となる真のデジタルツインが実現することが期待される。

2.4 インフラデータシステム

本節では，インフラデータシステムの高度な利用として，都市のシミュレーションのための解析モデルの自動構築を紹介する。具体的な例として，想定された地震が引き起こす都市の地震シミュレーションを取り上げる。都市の地震シミュレーションの現状と理想の形を考察し，理想の地震シミュレーションを実現するための都市全体の解析モデルを，インフラデータシステムを使ってどのように自動構築するかを説明する。

2.4.1 構造系と計画系を融合する都市の地震シミュレーション

現在，地震シミュレーションは，構造系と計画系で独自のものが使われている。構造系は耐震設計が目的であり，想定される地震動に対する構造物の応答を数値解析するというシミュレーションである。計画系は地震の被害評価が目的であり，フラジリティカーブと呼ばれる地震動指標と構造物被害確率の関係を使って，都市全体での被害を評価する。構造物応答で入力される地震動は，0.01 秒間隔，数 10～100 秒程度の 3 成分の加速度・速度の時系列データであるが，フラジリティカーブでは地震動の最大加速度・速度のような指標である。構造物被害は構造物の地震応答という物理過程である。耐震設計では構造物単体に対しこの過程を数値解析するが，被害評価では物理過程を考慮することなく，過去の被害データを元に作られたフラジリティカーブが使われる。

物理過程を計算する地震応答解析と比較して，過去の被害データを元に作られたフラジリティカーブを利用した被害評価は適用範囲に限界がある。構造物一棟一棟に対し，想定された地震動を入力した地震応答解析を行う被害評価が理想である。耐震設計と同じ信頼度を持つからである。計算機の性能が向上し，地震応答解析のプログラムも改良されたため，構造物一棟一棟の解析モデルが利用できれば，都市全体で構造物一棟一棟の地震応答解析を行うという理想の被害評価が可能となる。なお，構造物の地点ごとに地盤の影響で地震動が異なるため，地盤の増幅過程を解析する地盤の数値解析を都市全体で行うことが理想の地震評価には必要となる。都市全体で地盤の解析モデルが利用できれば，地盤の数値解析も可能である。

　保存されたインフラデータを使って，都市内の構造物一棟一棟，都市全体の地盤に対し，解析モデルを自動構築することがインフラデータシステムに必要な機能である。地震応答解析の解析モデルの場合，対象となる構造物や地盤の形状の情報と材料特性の情報が必要である。インフラデータからこの二つの情報が抽出ないし推定できればよい。なお，構造物のインフラデータが BIM 仕様となっていれば，地震応答解析のための解析モデルを自動構築するようなソフトウェアが利用できる。BIM 仕様のデータを入力するという意味で，このような解析モデル自動構築のソフトウェアも BIM 仕様である。

　地震シミュレーションの実体は構造系と計画系で全く異なっている。シミュレーションの目的が異なることは一因であるが，最大の要因は，都市全体での構造物一棟一棟の地震応答解析や，地点ごとの地盤増幅解析が，そもそも不可能であったことである。解析モデルがないこと以上に，計算機の性能が足りなかったのである。現在，計算機の性能は向上し，100 万単位の構造物の応答解析や，10 km 四方の地盤の増幅解析は決して夢物語ではない。構造系と計画系を融合する地震シミュレーション，すなわち，耐震設計と同様の信頼度を持つ被害評価を行うシミュレーションには，都市の全構造物と地盤の解析モデルが必要とされる。

2.4.2　都市の地震シミュレーションの実例

　2010 年代に，当時のスーパーコンピュータである「京」コンピュータを使う研究開発プロジェクトで都市の地震・津波のシミュレーションが研究された。このシミュレーションでは，① 地盤の増幅過程を都市全体で解析するための 3 次元地盤モデル，② 都市全体の構造物の地震応答過程を解析するための建築建物（木造・RC 造・S 造）と社会基盤施設（地下埋設管・橋梁など）の解析モデル，③ 都市内への津波の侵入過程を解析するための 3 次元解析モデル，を自動構築するプログラムが開発されている（**図 2-12** 参照）。なお，地震シミュレーションに関しては，④ 構造物被災による交通障害過程を解析するための道路ネットワークの解析モデル，⑤ 経済活動の復旧過程を解析するための都市と周辺の経済モデル，も構築されている。津波シミュレーションに関しては，⑥ 避難過程を解析するための住民・車両の解析モデル，も構築されている。

　3 次元地盤モデルの元データはボーリングデータである。ボーリン

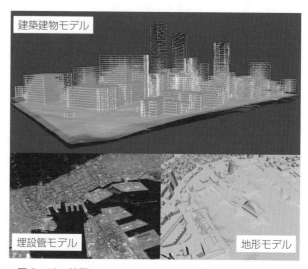

図 2-12　地震シミュレーションのための都市の解析モデル

グデータの特徴として，隣接する地点のボーリングデータでも地層の種類・層厚や地層の順番が一致しないことがある。この点を回避するため，ボーリングデータの地層を表層・中間層・工学基盤に大別して，3層構造の3次元地盤モデルを都市全体に構築している。建築建物の元データは断面形状・高さなどの幾何形状のデータと，建物の種別などのデータである。土木構造物は橋梁や地下埋設管を対象とし，道路ネットワークのデータや埋設管のデータを元データとしている。建築建物・社会基盤施設とも，設計に使われたCADのデータが利用できないので，代替となるデータを使っている。津波の3次元解析モデルは，都市全域の粗い標高データと，港湾付近の詳細な3次元形状データを元にしている。

「京」コンピュータのプロジェクトは，首都直下地震を想定した東京と，南海トラフ地震を想定した関西圏で，地震・津波のシミュレーションを行っている。地震の規模・位置を変えた場合に，都市の地点ごとでの被害を計算することができる。地震の規模が一定以下の場合，都市全体の被害はさほど大きくはないが，ある規模を超えると大きな被害となる。都市全体の地震のシミュレーションによって，地震と被害の規模を定量的に分析できる。多数の地震を想定したシミュレーション結果の定量的な分析は，「より重要な構造物にはより高い耐震性を備える」という合理的な耐震対策の裏づけとなる。都市全体の津波のシミュレーションも同様に，津波の規模と都市全体での津波侵入の度合いが計算される。この結果，例えば，津波のシミュレーション結果を定量的に分析することで，防潮堤の有効性を合理的に評価することができるようになる。

地震シミュレーションの結果である都市全体の被害を初期条件とすることで，発災直後の群集避難の過程，発災後数日から数週間の交通障害の過程，そして発災後の月・年単位での経済活動の回復の過程を計算することができる。これが，群集避難・交通障害・経済活動のシミュレーションである。地震シミュレーション結果は三つのシミュレーションに共通に使われているが，各々のシミュレーションでは，人・交通・経済活動のデータも利用している。インフラデータから構築される都市のモデルに加えて，インフラデータ以外のデータを加えることで，より多くの種類の都市のシミュレーションが実現されるようになる。

2.4.3 都市のデジタルツインの自動構築

前節の地震シミュレーションで構築された解析モデルは，都市の地形や構造物の表面形状は高品質のデータが利用できるため「見た目はそっくり」である。しかし，地盤構造や構造内部・構造材料のデータが利用されていないため，解析モデルとしての品質は高くない。実物と「瓜二つ」という意味で，デジタルツインと称される品質の高い解析モデルが必要となる。インフラデータシステムは，都市全体の規模でデジタルツインが自動構築できるようにすることが一つの目標となる。

インフラデータシステムに保存されたインフラデータは，本来，デジタルツインの構築のために収集されたものではないことに注意が必要である。個々のインフラデータは，調査・企画・

設計・施工・維持管理の各段階で特定の目的のために収集されたものである。例えば、解析モデルの構築に重要な設計のデータも、特定の CAD ソフトウェアで作成されており、デジタルツインの構築に使うためには適切な変換が必要である。また、設計・施工のデータは建設当初のデータであるが、現時点の構造物の性能を反映した解析モデルを作るためには、経年劣化と直結する維持管理のデータも必要となる。

「瓜二つ」の解析モデルという狭義のデジタルツインとは異なるが、都市のデジタルツインは、デジタルシンガポールを代表に世界で開発されている。国内でも、銀座・渋谷にデジタルツインが作られている。この先行事例では、BIM 仕様のデータが使われている。都市の全データを BIM 仕様に揃えたことが重要で、この結果、BIM 仕様のデータに対応したさまざまな商用ソフトウェアが使えるようになるが、解析モデルの自動構築に関わるソフトウェアもその一つである。地震応答解析などのソフトウェアも商用のものが使われるようになる。

新設の社会基盤施設に BIM 仕様が推奨されるようになった今日、数十年後には、インフラデータは BIM 仕様のものが大半となる。しかし、都市のデジタルツインを早急に構築するのであれば、既設構造物の非 BIM 仕様のデータを、BIM 仕様に変換することが重要課題になる（**図 2-13 (a)** 参照）。都市のデジタルツインの構築に必要とされるインフラデータの高度な変換も、例えば、非 BIM 仕様のインフラデータを、いったん、BIM 仕様のデータに変換し、解析モデルの自動構築商用ソフトウェアが使えない社会基盤施設に対しては BIM 仕様のデータを解析モデルに変換する、という二段階のデータ変換が考えられる。「非 BIM 仕様のインフラ

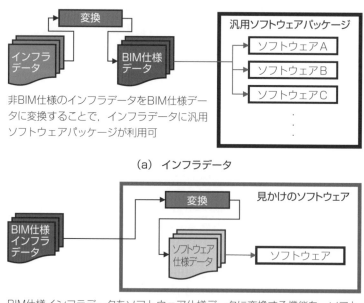

（a）インフラデータ

BIM仕様インフラデータをソフトウェア仕様データに変換する機能を、ソフトウェアに付加することで、ソフトウェアの利用が拡大

（b）ソフトウェア

図 2-13　非 BIM の BIM 化：インフラデータとソフトウェア

データを BIM 仕様に変換」と「BIM 仕様のインフラデータを解析モデルに変換」という二つの技術の研究開発が必要となる。

都市のシミュレーションに使う業務用ソフトウェアの入力データに，BIM 仕様のデータを使えるようにすることも必要である。なお，BIM 仕様のデータが標準となる時代に備えて，開発した業務用ソフトウェアの代わりに，BIM 仕様の入力データを前提とした汎用ソフトウェアパッケージに乗り換えることも考えられる。すべての業務用ソフトウェアの自社開発は不可能であり，適宜，更新される汎用ソフトウェアパッケージの選択は合理的でもある。一方，汎用ソフトウェアパッケージの利用は技術開発の停止にもつながりかねない。優良な自社開発のソフトウェアは，むしろ BIM 仕様のデータに対応できるようにすることが適切であると考えている（**図 2-13 (b)** 参照）。

インフラデータの品質の保証も必要とされる。都市のデジタルツインの構築という機能に限定した場合，インフラデータには解析モデルの構築に資するという品質が保証されなければならない。数値解析を含むソフトウェアに関しては，その品質保証の方法は，検証と妥当性確認 (Verification and Validation) として確立されている。インフラデータもこれに倣った品質保証の方法を研究開発することが必要である。

インフラデータの品質と関係するが，都市のデジタルツインを使う都市のシミュレーションに関しても，計算結果の精度・妥当性・信頼度等といった品質を明示することが必要となる。一般に，計算結果の品質は解析モデルの品質と解析手法の性能に依存する。都市のシミュレーションに使うための，より高い性能の解析手法の開発も必要とされる。また，限られた質・量のインフラデータから都市のデジタルツインを構築する際，不確かな部分が生じることは不可避である。解析モデルの不確かな部分が計算結果に及ぼす影響を定量的に調べることが必要となる。

一度，都市のデジタルツインが構築されれば，さまざまな事態を想定した都市のシミュレーションが可能となる。都市の将来にはさまざまな状況が考えられる。空間分解能が低い解析モデルを使う従来のシミュレーションと，空間分解能が高い都市のデジタルツインを使う都市のシミュレーションは，都市全体の結果には大差はないであろう。しかし，状況の違いが大きな違いを引き起こす都市の地区があることは予想される。「多数の将来シナリオを想定した場合に細部の差まで予測できること」が，都市のデジタルツインを使う都市のシミュレーションの利点である。

《参考・引用文献》
［1］ 宇宙航空研究開発機構「システムズエンジニアリングの基本的な考え方」宇宙航空研究開発機構チーフエンジニアオフィス，2007
［2］ D. D. Walden et al.: Systems Engineering Handbook v4, INCOSE, 2015
［3］ University of London Computer Centre Newsletter No.53, March 1973
［4］ 大谷英之ほか「2 次元 CAD から 3 次元モデルを自動構築する技術に関する研究」第 2 回「i-Construction の推進に関するシンポジウム」論文集，2020
［5］ 「デジタルスチルカメラ用画像ファイルフォーマット規格 Exif 2.3」一般社団法人 カメラ映像機器工業会，2012
［6］ 亀田敏弘ほか「インフラデータの汎用的自動 3 次元可視化のための基礎的研究」第 2 回「i-Construction の推進に関するシンポジウム」論文集，2020

コラム❼
（研究紹介）

**集客施設の維持管理段階における統合プラットフォームの開発と
活用にむけて　～むつざわスマートウェルネスタウンを対象として**

1．研究の目的

　近年，都市や地域の諸課題を解決する手段の 1 つとしてデジタルツインが期待されている。本研究では，デジタルツインを小規模な運営・維持管理主体に適用する事例として，千葉県長生郡睦沢町（人口 6,812 人 [1]，面積 35.59km² [2]）の中央部に位置するむつざわスマートウェルネスタウン（以下，睦沢 SWT）を対象に，施設の維持管理に活用可能なデジタルツイン，およびこの基盤となる統合プラットフォームの開発を目的としている。2020 年4 月 28 日，睦沢 SWT の持続的な発展のために，千葉県長生郡睦沢町，東京大学 i-Construction システム学寄付講座，パシフィックコンサルタンツ（株）の 3 者で共同研究に係る協定を締結しており，本研究は，本協定に基づくものである。

2．睦沢ＳＷＴの概要と課題

　睦沢 SWT（面積約 2.86 ha）は，健康支援型「道の駅」として整備され，2019 年 9 月 1 日にオープンした（**図❼-1**）。地場産天然ガスコジェネを導入し，自立型エネルギー拠点としても機能している。土地および建物などを睦沢町が所有し，パシフィックコンサルタンツ（株）が代表企業となって設立した特別目的会社（SPC）であるむつざわスマートウェルネスタウン（株）が運

出典：パシフィックコンサルタンツ株式会社

図❼-1　施設概要図

営・維持管理を担っている。天然ガスコジェネは（株）CHIBA むつざわエナジーが運営・維持管理を行っている。

　睦沢 SWT では，維持管理に高度な技術を要する機器設備類（発電機器や温浴設備）が導入されている。専門家の確保が困難な地域に位置する睦沢 SWT の場合，現場スタッフのみによる応急措置や原因追求，補修・修繕の判断は難しく，結果として熟練技術者が遠方から現場に駆けつけて対応しており，移動時間やコストを要している。また，維持管理に係る書類は紙媒体として現場に保管されており，緊急時に膨大な書類から必要な情報を迅速に引き出すことが難しいといった課題がある。

3．概念実証の実施

　上記の課題を踏まえ，今回は Autodesk 社の BIM360 を活用し，電子化した設備管

理台帳や2D図面，3Dモデル（LOD=400相当）を連携させるとともに，現場の映像情報をウェブ会議システムにより関係者が画面共有をしながら，トラブル発生後の場面を想定したうえで指示や対処を行う概念実証を実施した（**図⑦-2**）。概念実証の結果，復旧時間の短縮や原因追求の迅速化，移動時間やコスト削減効果といった有用性が確認できた一方で，新たにみえてきた課題と対応策を以下に提示する。

図⑦-2　現地確認が困難な地下埋設物を３Dモデルで関係者が共有する様子

（1）専用回線の構築と通信環境が不安定な状況を想定した防災訓練の実施

ウェブ会議システムの安定性は通信環境に依存する。概念実証においても，通信環境が不安定なときは音声・映像が乱れ，適切な指示や措置が困難になることが確認された。本格導入にあたっては，常に安定した通信を可能とする専用回線の構築や，不安定な通信環境下であっても十分にシステムを活用できるよう関係者（施設運営管理者や常駐スタッフ，維持管理業者ら）の練度向上のための防災訓練の実施などが求められる。

（2）維持管理に適した 3D モデルの分類

3D モデル上での配管の色（汚水管：茶，給水管：青 など）が実際の色と異なることから，概念実証においても指示者が指定した 3D モデルを現場担当者が同一の配管を探し当てることに時間を費やした。このため，3D モデルと実際の色を設計段階から調整するなどの検討が求められる。

4．今後の開発方針

今後は，トラブル発生後に対処する事後保全に加え，トラブル発生前に兆候を予知し未然に防ぐ予知保全にも活用可能な統合プラットフォームを目指し，以下三つの API を開発する（**図⑦-3**）。統合プラットフォームは，関係者が必要なときに必要な情報を WEB 上で入力・閲覧・保存・出力可能なシ

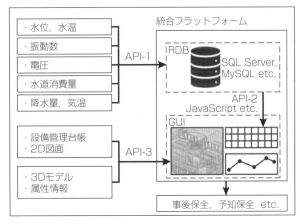

図⑦-3　統合プラットフォームのイメージ

53

ステムとする。また，現場にヒアリングを行いニーズに即した汎用性の高いシステムを目指す。

API-1：トラブルの兆候が読み取れる可能性の高いデータ（水位，振動数など）をセンサーから収集し，RDB（SQLServer，MySQL 等）に登録・蓄積するとともに，SQL 言語を用いて各データを横断的に集計する API

API-2：集計したデータ群を分析し，JavaScript による Gadget などを用いて，図や表として UI に表示する API

API-3：AutodeskForge や WebGL のオブジェクト表示機能を用いて，WEB 上から 3D モデルをクリックして関連するデータを取り出す API

《参考・引用文献》

［1］ 千葉県：市区町村別人口と世帯（令和 2 年 9 月 1 日現在）

［2］ 国土地理院：市区町村別面積（令和 2 年 7 月現在）

3 i-Construction システム学におけるデータプラットフォーム

3.1 データプラットフォームによりもたらされる生産性向上

　近年の情報通信技術の進歩により，データの取得，蓄積，活用の枠組みが大きく変化しはじめている。例えば土木工学分野であれば，動画／画像取得技術やセンシング技術の発展，BIM/CIM の普及に伴うデータの精緻化や多様化とデータサイズ増加，通信速度向上・インターネットの普及に伴うクラウドコンピューティングの性能向上，AI や FEM などに代表される解析技術の発展によるユースケースの増加などが挙げられ，このような変化に対応するためにデータプラットフォーム技術の導入，発展が求められる。

　データプラットフォームはデータの収集，蓄積，変換により，データを活用するための基盤として位置づけられる。データの収集とは，さまざまなデータソース／データサーバからデータを収集するプロセス，蓄積とは収集されたデータを保存するプロセス，変換とは定義されたデータ構造に合わせてデータの加工を行うプロセスである。ただ，これら機能の一部のみを実現したものについてもプラットフォームと呼ばれることもあり，また逆に，データの可視化や活用まで含めて位置づけられる場合もある。統一的なプラットフォームの形でのデータ整理は，迅速かつ適切な意思決定や，重複した業務の整理による合理化につながるため，さまざまなスケール感で行われ，またプラットフォームビジネスの成長も著しい[1]。

　本章では，まず一般的なデータプラットフォームの構成について紹介する。そして，建設現場を含む土木工学関連業務のデータの特性について紹介し，そのうえで求められるデータプラットフォームの構造について提示する。そのうえで，現在および将来にわたり，いかにデータプラットフォームが土木工学関連業務の効率化および高度化，生産性の向上に寄与することが期待されるかを述べる。

3.1.1 既存のデータプラットフォームの構造

　データプラットフォームは，ユースケースに応じてさまざまな構成が考えられ，また実現されている。例えばデータポータルのような，データの表示，カタログの検索・ブラウズを行う

ためのウェブインターフェース，外部システムからの要求に応じてデータを自動的に公開するマシン・インターフェース（API），そしてデータのプレビューおよび視覚化機能を備える一方で，データ変換に関する機能があまり想定されていないようなものもデータプラットフォームと呼ばれる[2]。また，2.2.3 節で示されている CKAN はデータポータルを生成するためのオープンソースソフトウェアプラットフォームであり，20 以上の国や地域政府において公式のデータ公開プラットフォームとして利用されており，地方行政やコミュニティ，科学分野などでプラットフォームとして利用されている。

　一方で，データ収集から蓄積，活用までも含めたシステムをプラットフォームと呼ぶ場合もあり，例えば以下の**図 3-1** のようなものが一般的なシステムの全体像として想定される。それぞれの役割について以下に述べていく。

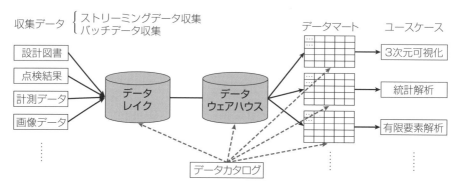

図 3-1　データプラットフォームのアーキテクチャ構成の例

　データはさまざまなデータサーバ，あるいは同一サーバでも別ファイルに分散していることが多く，これらを収集することが必要となる。データ収集の手法としては，データが生成・更新されたらリアルタイムに収集するストリームデータ収集と，一定期間ごとに一括でデータを収集するバッチデータ収集が一般的である。

　ストリームデータ収集は，基本的に，無制限かつ連続的に発生する大量のデータをリアルタイムに処理するストリームデータ処理に活用されることとなる。ストリームデータ処理に適した場面の例としては，例えば交通状況をモニタリングすることで渋滞を把握し，また所要時間を計算するというケースが考えられる。あるいは土木工学から離れたケースでは，大手ショッピングモールでの在庫管理／発注処理や，株価情報のアップデートなどがあり得る。無制限かつ連続的に生成されるため，すべての情報を残しておくことは容易ではないが，そもそも残すことが不要なケースも多い。例えば橋梁に設置した加速度センサによる異常モニタリングにおいて，異常が発見されなかった場合にその加速度計測値を残しておくことに大きな意味はないと管理者は判断するかもしれない。その場合は，リアルタイムな処理・破棄がなされることとなる。一方で，後に機械学習などで活用できる見込みがあると管理者が判断した場合など，残しておく価値があると見込んだデータの場合は保存するという選択肢も当然ある。その場合は，ストレージを拡大し続ける態勢を確保する必要がある。

　バッチデータ収集は，決められたスケジュールで定期的にデータを収集する方法である。リアルタイム性はストリームデータ収集と比較すると低下するが，そもそもデータの更新頻度が高くない場合や，データの鮮度がユースケースに強く要求されない場合であればリアルタイム性は大きな問題とならない。一方で，データの蓄積量はストリームデータ収集と比較すると圧倒的に小さく，またネットワークの通信速度も強く要求されないというメリットもある。例えば先程の橋梁の加速度計測の例で言えば，加速度計測値から求まる固有振動数を追跡すれば橋梁の損傷が効率的に評価できるとする技術者も多く，そのような技術者は固有振動数を定期的（例えば数日おき）に導出して保存し，推移を継続的に見ていくような監視を行いたいと考えるかもしれない（**図 3-2**）。

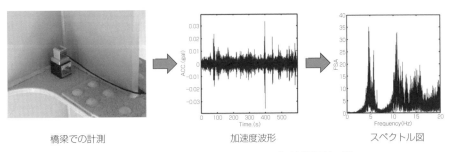

橋梁での計測　　　　　　　　　　加速度波形　　　　　　　　　スペクトル図

図 3-2　橋梁での加速度計測，および周波数解析の例

　固有振動数の値を数日おきに保存するだけでよければ，データ保存量は圧倒的に小さくなり，ストレージの圧迫をさほど気にせずともよくなり効率的である。ちなみに数日おきというのは，固有振動数がほぼ一定であった橋梁がいきなり落橋するケースは限定的であり（不静定度が低いトラス橋やゲルバー橋ならあり得るものの），リアルタイム性が低いと技術者が判断したというシナリオを想定しており，上記の「データの鮮度がユースケースに強く要求されない場合」に該当する。

　収集されたデータは，ストリームデータ処理の過程で破棄される場合以外は蓄積されていくことになる。蓄積方法としては，**図 3-1** に示すような，データレイクとデータウェアハウスを併用する形が望ましいとされている。データレイクとは，あらゆる構造化データと非構造化データを保管する役割を担うもので，データウェアハウスとはデータレイクのデータを変換して構造化したものを格納し，また計算リソースやインタフェースを提供する役割を担うものである。データレイクなしでデータウェアハウス（あるいは類したもの）のみが設置されているような運用も多いが，整理された構造化データの作成過程で情報を不可逆的に失ってしまい，後に必要となるデータ構造の変化に対応できず，後から惜しむような事例は枚挙にいとまがない。データレイクはいったんすべてのデータを非加工で置いておくことで，後のデータ構造の変化に対応でき，また必要な情報が失われてしまうという事態も防ぐことができる。ただし，単純に保存しているだけでは，使いみちが整理されていないがために結局使えないデータが溜まっていくだけになってしまうため（そのような状態を，データレイクと比して，データスワ

ンプ（Data Swamp：データの沼地）と呼ぶ），ガバナンスの効いた状態で保存する必要がある。そのためにはデータに関する情報であるメタデータを付与することが必要となる。2章でも述べられているように，検索可能な形にしておかないと，特に構造化されていないデータの場合にはほぼ間違いなく今後活用されずに，ストレージを圧迫するだけの存在となる。また，どのようなメタデータが存在し，そしてデータウェアハウス内でどのように構造化されているかを整理するためのデータカタログの整備も重要となる。

　データレイクにいったん格納したデータからデータウェアハウスを構築するためには，データ構造を定義したうえで，適切にデータレイクのデータから情報を抽出し，構造化する必要があるが，必ずしも容易ではない。一般に ETL 処理（Extract/Transform/Load の頭文字）とも言われるが，例えば動画データや画像データ，あるいは統一ルールなく PDF 化された資料などから適切にデータを抽出するのは非常に難しい。例えば AI などの活用が必要になるケースも多く，処理速度や実現性などの面で常にボトルネックになりやすい箇所である。

　図 3-1 に示すデータマートは，データウェアハウスのデータの中から，特定の活用目的に合わせたデータを取り出したものを指す。データマートの利点は，あらかじめ目的に応じてデータを加工しておくことで，データウェアハウスから毎回加工せずともよくなり，分析レスポンスを向上させることができる点にある。特に，必要なデータが固定されたユースケースが多種ある場合に効果を発揮する。そして，データマートのデータに対して，データ分析や，可視化などを行う。

　やや正確性を犠牲にしつつも単純に理解するとすれば，データレイクからデータウェアハウスを構築するというのは，望むべくは複数のユースケースを見据えながら，それらユースケースに対応できるようなデータを集め，そして対応しやすいようにデータ処理を行って，後のデータマートが作りやすいように構造化するプロセスである。ETL 処理は場合によっては時間がかかり，CPU に負荷をかけることも多いため，あらかじめ ETL 処理を行いデータウェアハウスに保存しておくことで，ETL 処理を都度行わなくてもよいようにする点に負荷軽減を狙ったうま味がある。データウェアハウスからデータマートを構築するというのは，ユースケースでの個別のアプリケーションに合うようにデータ処理を行い，より精密にデータ構造を整えるプロセスである。ただし，ここでデータ構造を適切に整えられるようにするには，一階層上に相当するデータウェアハウスにおいて，ユースケース群が求める構造を網羅している必要がある。ユースケースが固定している場合であれば大きな問題は生じないが，ユースケースが増えていくような場合は，その増加にともないデータプラットフォームを動的に変化させる，あるいはユースケースの増加に最初から耐えられるような情報を所持しておくことが求められる。両者とも，データ形式が固定されている点に強みがある RDF で対応することができれば計算や構造が明快となるが，特にさまざまな種類のデータを扱う必要のある土木工学分野では RDF 形式が適切でないケースも多く，その場合 NoSQL[3] や新たなデータ形式，例えば 2 章にて言及されている木構造式のデータベースやグラフ構造式のデータベースの適用なども必要になってくると考えられる。

　本節ではここまで，一般的なデータプラットフォームの構成について紹介した。以降では，

この既存のデータプラットフォーム構成に関する理解をもとに，土木分野で求められるデータプラットフォームの構造について述べる。

3.1.2 土木工学分野において求められるデータプラットフォームの構造

土木工学は国土・都市空間を扱うことが多い学問であり，必然的に空間位置情報を含むデータとなることが多い。そのため，2章で紹介された GIS が頻繁に用いられ，時には GIS そのものをプラットフォームとして扱うこともある。例えば**図 3-3** に示す，国土交通省が構築を進めている国土交通データプラットフォームはその一例である。

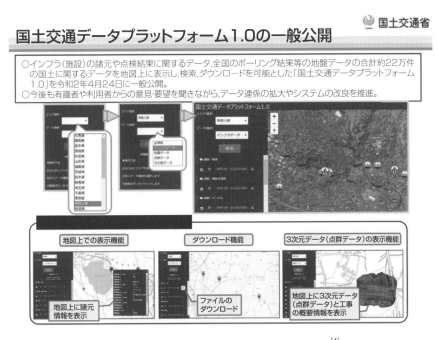

図 3-3　国土交通データプラットフォームの概要[4]

国土交通データプラットフォームの機能としては，国土地理院の 3 次元地形データをベースにした 3 次元地図上に構造物の 3 次元データや地盤の情報を表示する 3 次元データ視覚化機能，API で国土に関するデータと人や物の移動等の経済活動に関するデータ，気象等の自然現象に関するデータを連携し，同一インタフェースで横断的に検索，表示，ダウンロードを可能にするデータハブ機能，シミュレーションなどを行った事例を国土交通データプラットフォームに登録する情報発信機能がある[5]。そして利活用イメージとしては物流の効率化，観光振興，防災が挙げられており，これらはまさしく空間位置情報と密接に結びついてこそ価値が高いものである。ほかにも，NEXCO 東日本のスマートメンテナンスハイウェイ (SMH)，首都高速道路株式会社の i-DREAMs などが位置情報を活用しているプラットフォームとして挙げられ，特に i-DREAMs について次節で詳細を述べる。

　空間位置情報を含むことが多いという点以外の土木分野データの特徴としては，非構造化データが多いという点が挙げられる。非構造化データとは，動画データや画像データ，音声データ，振動データ，あるいは統一ルールなく PDF 化された資料など，データ構造が定義されていないデータを指す。構造化データと非構造化データの違いを**図 3-4** に示す。土木関係業務で納品されるデータは PDF ファイル，あるいは画像データが多く，これら非構造化データをどう扱うかというのはデータプラットフォームにおける大きな課題である。現状では，ファイルにメタデータを付与し，ダウンロードができるようにするといった運用が一般的であるが，データの統合が難しい，それゆえにシームレスな活用が難しいという課題がある。少なくとも**図 3-1** で示されているような，データ収集から蓄積，活用までも含めたシステムの実現は困難である。そこで今後は，2 章で述べられている BIM/CIM モデルのように，構造化しているデータを納品，運用していくことが求められている。しかしその一方で，土木構造物の寿命は長く，既存構造物についてはそのような BIM/CIM モデルは存在しない。そこで，PDF や画像などの非構造化データからデータを構造化する新たな技術開発が求められており，それは高度な情報工学技術と卓越した土木工学の専門知が必要となる難題であるが，そのような技術開発も一部では進められている。

構造化データ	非構造化データ
・リレーショナルデータベース ・CSV型式 ・固定長データ など，規則性があり，どこに何があるかわかる定型データを指す	**規則性あり** ・JSON型式 ・XML型式　など **規則性なし** ・画像ファイル ・PDFファイル ・動画・音声ファイル ・振動波形 ・紙媒体　など 統一性のある扱い方のルールがなく,自動処理が難しいデータを指す。土木関係データはこちらが非常に多い。

図 3-4　構造化データと非構造化データの違い

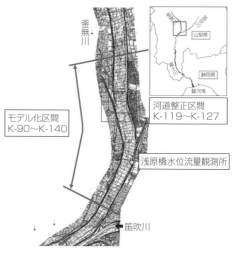

コラム⑧（研究紹介）　3 次元モデルを活用した河道特性把握

　河川管理においては，調査・設計・施工・維持管理の各過程で多種多量のインフラデータが生み出され，日々蓄積されているが，河川管理者間や内部の部署間におけるデータの共有や，各過程をまたいだ利活用は依然として不十分である。ここでは，河床変動解析を一例に挙げて河川評価システムの構想について紹介する。

　今回対象とした河床変動解析の対象エリアは，i-Construction モデル事務所の一つである甲府河川国道事務所が管理する，富士川の上流区間である釜無川である（**図⑧-1**）。

　解析を実施するにあたっては，ALB（航空レーザ

図⑧-1　モデル化区間の概要

測深：Airborne LiDAR Bathymetry）を用いて
得られた 3 次元の地形データモデルを活用してい
る（**図⑧-2**，**図⑧-3**）。河道の地形データを得る
ために不可欠な調査である河川縦横断測量におい
ては，これまで 100〜200 m ピッチの 2 次元測
量データが 5 年に 1 度行われているが，測線間の
地形データを蓄積できていない現状がある。航空
レーザー測深では，近赤外線の陸域用レーザと水
中を透過しやすいグリーンレーザを航空機から同時
に照射し，その時間差で水深を算出する。従来水
面下の測量に用いられる音響測深と比べ，極浅水
域の地形取得も可能であり，陸域と水域の広いエ
リアを同時に・効率迅速に取得可能である。また，
位置情報においても電子基準点と GNSS/IMU を
用いて地形データをより高精度な情報としている。

　ここで，本題の予測シミュレーションである
河床変動解析を軸とした河川評価システムのプロ
トタイプを紹介する。プロトタイプでは，河床変
動解析に必要な元データから変換された中間デー
タ（形式はテキスト形式）を変換プログラムによ
り解析インプットデータとし，自動で河床変動計
算や準 2 次元不等流計算の解析エンジンに読み
込ませて計算結果を出力させることが可能となる
（**図⑧-4**）。これらをクラウド上で実装するもの
とし，設計時点における試行錯誤を予測シミュ
レーションと自動的に連携するフロントロー
ディングを行うことが可能となる。

　また，クラウド上に保存された 3 次元データ
や河床変動計算の出力結果，距離標や横断測線・
護岸工事情報などの各種河川データを 3 次元
GIS を活用して Web ブラウザにて一元的に確認できるビューワーを構築している。

　将来的には，河川の調査・設計・施工・維持管理の各過程で用いられるデータを自動的に
やり取りし，各種シミュレーションやコストの概略評価を自動実行できるシステムである河
川統合評価プラットフォームを構築することを目標としており，まずはプロトタイプを完成
させるというところを第 1 ステップとしている。

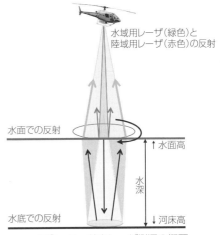

水域用レーザ（緑色）と
陸域用レーザ（赤色）の反射

水面での反射

水面高

水深

水底での反射

河床高

図⑧-2　航空レーザ測深の概要

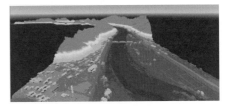

図⑧-3　ALB測量を活用した3次元モデルの例

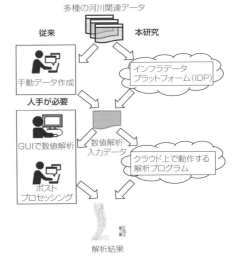

多種の河川関連データ

従来　　　　　本研究

手動データ作成

インフラデータ
プラットフォーム（IDP）

人手が必要

GUIで数値解析

数値解析
入力データ

クラウド上で動作する
解析プログラム

ポスト
プロセッシング

解析結果

図⑧-4　従来と本研究のデータの流れの比較

**土木躯体工事における CPS を活用した
施工管理支援システムの開発**

1．研究背景

　近年，超スマート社会（Society5.0）を実現するため実空間とサイバー空間を相互に連関させcリアルタイムに現場状況を把握・分析するためのシステムである CPS（Cyber Physical System）に注目が集まっている。本研究では，ICT 化が困難とされている土木躯体工事（構造物工）の施工段階に着目し，サイバー空間上に施工現場を構築することで，現場における生産性向上を支援するシステム開発を目指した。

2．CPS を活用した施工管理システムの概要

　本システムは**図⑨-1**に示すとおり主に三つの階層から構成される。第一層は現場状況をデジタル化したデータ群であり，次の 4 要素からなる。本体構造物や仮設部材などの BIM/CIM からなる「設計情報」，周辺道路や資材残置状況などの「環境情報」，揚重機などの「重機情報」，そして「作業員情報」の 4 要素である。これらのデータ群を，同一の「入れ物」に格納するのが第二層であるデータベースを含むプラットフォーム層であり，「サイバー施工現場」と呼ぶ本システムの中核部である。本研究では，ユニティ・テクノロジーズ・ジャパン（株）が提供しているゲーム開発用プラットフォームである Unity を活用し，各要素のデジタル化とその統合を実施した。また本基盤の上に，第三層として独自開発や Web API などによって連携された外部アプリなどのアプリ群がある構造である。

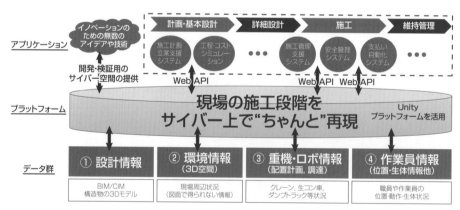

図⑨-1　本システムの全体構成

3．サイバー施工現場を構築するプロトタイプ開発（PoC 開発）

　本 PoC 開発では，躯体施工中の工事事務所協力のもと，実測されたデータを基にサイバー施工現場を構築できるか検証した。BIM/CIM からなる設計情報はデータ統合作業を経ても，各種オブジェクト情報の欠落がないことを確認した。環境情報の取得には，主に点群のほか，

フォトグラメトリと呼ばれる 3D 空間の生成技術を活用した。重機情報に関しては，揚重機を空間内に自由に配置する機能や，定格荷重などをそのつど計算できる機能を実装した。作業員情報の取得では，複数の IMU センサー情報により作業員の正確な動作情報を取得できることを確認した。また各種のデータ統合には，空間的な位置情報（座標）を活用しつつ，そのつど位置およびスケールを任意に修正できる仕様とした（**図⑨ -2**）。また作業員らが特定のオブジェクトの裏側に回り込んだ場合でも視認できるシースルー効果（**図⑨ -3**）や任意カメラ視点操作を実装した。そのほか，施工管理上必要な情報の ON/OFF 機能など，BIM/CIM ソフトに精通していないユーザでも簡単に操作できる直感的な UI（User Interface）とした（**図⑨ -4**）。さらに iPad などのデジタルデバイスの性能や通信速度を想定した運用テストを実施し PoC として問題ないことを確認できた。

図⑨ - 2　位置及びスケール合わせ状況　　図⑨ - 3　作業員にはシースルー効果を適応

図⑨ - 4　本システムの UI イメージ

4．まとめと今後の展望

　2021 年度は，本システムの実運用に向けた開発や検証を進めていく。特に現場情報のリアルタイム取得やデータの運用方法の検討，施工フェーズごとの時系列描写が必要と考えている。またいかにオープンなプラットフォームにするかの議論をより深めていく。アプリについては，工程やコスト管理アプリ等について開発予定である。

《参考・引用文献》
［1］内閣府「第 5 期科学技術基本計画」
　　 https://www8.cao.go.jp/cstp/society5_0/index.html（最終アクセス 2021/2/10）
［2］国土交通省「BIM/CIM 活用ガイドライン（案）共通編」2020
［3］湯浅知英・小澤一雅「土木躯体工事における CPS を活用した施工管理システムの開発」第 2 回 i-Construction の推進に関するシンポジウム，2020

3.2 データ統合による意思決定補助と可視化を通した実務効率向上

　本節では，データプラットフォームを活用してデータを活用することで問題を解決している事例について示す。データプラットフォームの機能の一つにデータの一元化があり，それにより複合的な解析が可能となったり，可視化することで意思決定の補助となったりする。そのようなシステムの例として，本節では，調査・設計段階から，施工，維持管理段階の各プロセスにおける各種データ（属性情報）をシームレスにつなげ，統合・一元管理することにより，効率的な道路維持管理を実現する首都高速道路のシステムである i-DREAMs について紹介する[6]。全体概要を**図 3-5** に示す。

　i-DREAMs では GIS を基盤とするプラットフォームに，各プロセスで得られる属性情報を統合するとともに，MMS（Mobile Mapping System）で取得した 3 次元点群データを利用することにより，2 次元および 3 次元空間を連携させて，データベースを目的や用途に応じて管理，活用を可能とすることを狙っている。i-DREAMs では GIS をベースとするデータ管理システムが構築されており，地図上から各種台帳を簡単に検索できるシステムとなっている（**図 3-6**）。これ自体は新しいシステムではなく各管理者によってなされているものであるが，例えば首都高速道路ではリードタイムを 90% 縮小できたと計量している。

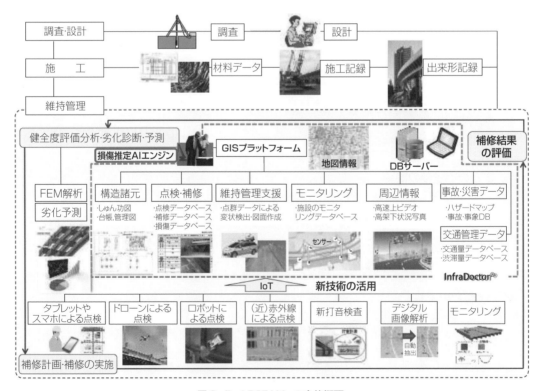

図 3-5　i-DREAMs の全体概要

図 3-6　GIS プラットフォームと連携した台帳検索システム

図 3-7　取得された点群データの例と，補修補強検討事例

　また，i-DREAMs で特に新しい点は，管理する橋梁・道路群の 3 次元点群を網羅的に取得している点にある。Riegl 社製 VQ-450 を車両に搭載し，計測距離 800 m，ショット数 55 万点／秒で，測定確度は 150 m 離れた場所で 5 mm 程度を確保している。計測した点群データの例を**図 3-7** に示す。道路の幅員等，指定した任意の箇所の寸法計測や建築限界などをシステム上から確認することが可能である。また，既設構造物の補強設計などを行う場合，補強対象構造物周辺の現場状況を確認し，現場測量を行ったうえで補強設計図面を作成していたが，この取得された点群データを活用することで，既設構造物と補強構造物や部材の配置検討や現

場での部材設置時の取り回し検討などが事前にパソコン上でシミュレーションすることが可能となっている。これにより、補強設計にあたって部材の取り合いや周辺構造物との干渉等を事前に確認することが可能となり、設計の初期の段階で手戻りを減らすことができ、設計業務の効率化を図っている。**図 3-7** に既設構造物と補強部材の部材配置検討事例を示しているが、この画像の場合、新たに設置される部材の横梁が既設の排水管に干渉することがわかった。このように、部材同士の干渉を事前に確認できることから、部材長や構造形状などの変更、あるいは排水管の移設検討が可能となる。また、設計シミュレーション同様、点群データによる 3 次元空間上で、建設機械や点検機材などの施工に関して動的シミュレーションを行うことも可能であり、**図 3-8** に示すように実際の施工機械の動きを再現した 3D モデルを準備することにより、現場と全く同じ条件で施工シミュレーションを容易に行うことが可能となっている。

図 3-8　3 次元空間上での施工シミュレーション

　また、各構造物の基準面を生成し、その基準面から個々の点との差分を算出することで、表面の変状を検出する機能などの実装もされており（**図 3-9**）、場所や周辺環境、部材情報などと組み合わせて判断することで、点検時のスクリーニングなどが可能となっている。

　このように、3 次元データをもとにして、各種情報を組み合わせながら、さまざまなユースケースに従い可視化することで、業務の効率化、高度化を可能とすることが可能である。

3次元点群　　　　　構造物の基準面を作成　　　変状検出した構造物の画像

図 3-9　コンクリート剥離の検出事例

3.3 AI 技術の活用

　近年，ディープラーニングに代表される人工知能（以下，AI）技術が急速に発展してきており，さまざまな分野において活用がなされはじめ，またその性能・威力について知られてきている。土木工学分野においても，AI 技術活用についての検討は精力的に行われており，土木関連業務の高精度化や省力化などを目指した研究が進められている。近年知られているように，AI の高性能化にあたってはデータの蓄積が必須条件であり，その意味で 3.1 のデータプラットフォームと大変関係性が深く，またデータ活用による知見の獲得という意味では 3.2 の実務での活用とも関連性が深い。実際，**図 3-9** のコンクリート剥離の検出事例は，AI が一部活用されている。

　文献 7，8 によると，業務は定型手仕事業務（あらかじめ定められた基準に対して正確な達成が求められる作業），定型認識業務（管理などのルーティン的な処理による事務的作業），非定型手仕事業務（状況に応じて柔軟な対応が必要となる作業），非定型相互業務（交渉，管理，助言などコミュニケーションを通じた価値の創造，提供），非定型分析業務（研究，調査，設計など抽象的な思考による課題解決），に分類できるとされている（**図 3-10**）。現状の AI 技術は，蓄積されたデータに基づいて学習することで，高性能な内挿を行う技術であり，それによって代替できるのは主に非定形手仕事業務である。例えばインフラ構造物の点検や診断は典型的な非定形手仕事業務であり，それゆえ AI の適用が先行的に試みはじめられ，また具体的なユースケースが模索されている。なお定形手作業業務は AI を活用せずとも解決できることが多く，非定形相互業務や非定形分析業務，定型認識業務への活用は一部の例外を除き現状では難しい。

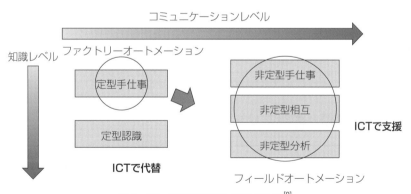

図 3-10　業務の種類と ICT の効果[9]

　AI 技術の主流は機械学習であり，機械学習は大きく分けて教師あり学習，教師なし学習，強化学習に分類される。それぞれメリットやアプリケーションは存在するが，土木分野で現状用いられている AI 技術はこのうち教師あり学習が多い。そこで本稿では主に教師あり学習について述べることとする。また，ディープラーニングも一般的には教師あり学習に分類され

る。AI と機械学習，教師あり学習，ディープラー
ニングの関係を**図3-11** に示す。図よりわかるよう
に，機械学習は AI 技術の一種，教師あり学習は機
械学習の一種，ディープラーニングは教師あり学習
の一種である。本節ではまず 3.3.1 で一般的な教師
学習の概要について述べた後に，ディープラーニン
グについて 3.3.2 で述べ，最後に，土木分野での適
用例について 3.3.3 で述べる。

図 3 - 11　AI の分類と関係性

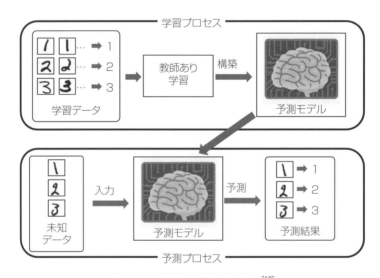

図 3 - 12　教師あり学習の概念図[10]

3.3.1　AI 技術の分類と教師あり学習の概要

　教師あり学習とは，事前に与えられた学習データを教師として，適切な分類・回帰を行う
ためのアルゴリズムを構築する手法である。模式図を**図 3-12** に示す。**図 3-12** の上部のよう
に，まず事前に与えられているデータを教師とみなし予測モデルを構築する。そうすれば，
図 3-12 の下部のように，未知のデータについても精度よく答えを予測できるという手法であ
る。教師あり学習の手法は多く，人間の脳内にある神経回路網の一部を数学モデルで表現した
ニューラルネットワークと呼ばれる手法が最も有名であると思われるが，ほかにもサポートベ
クターマシン，Random Forest などといった手法も優秀であり，よく用いられる。背景に備
える理論は異なるものの，利用者側の観点からは共通している事柄も多い。特に，「何に注目

するか」という特徴量を定義し，それら特徴量から出力を求めるための重みの最適化を，学習データにより行うというプロセスは共通している。

　それぞれの具体的な方法は例えば文献 11，12 に詳しいが，少々正確性を犠牲にしてわかりやすく言うのであれば，多次元に分布するデータに対してクラス分けを行うことのできる超平面を求めるという行為に概ね帰着する。なお超平面という単語は，ある次元においてデータを分割する概念を指しており，例えば 2 次元空間では直線や曲線となり，3 次元空間では平面や曲面となる。

　ここで，二つの特徴量（すなわち 2 次元）から二値分類するような問題を考える（**図 3-13**）。図中の紺色の曲線は，プロットされている 2 種類のデータ点（■印，×印）から学習することで得られた，分類のための曲線である。教師あり学習ではこのような高次非線形の分類が可能であるため，データ量を確保できると精度は非常に高くなる。これが，機械学習手法の精度が，いわゆる直線で線形的に分類する手法と比較して精度が高い理由である。一方でデータが少なくなると非線形な曲線を精度よく引けないばかりか，傾向すら合っていない頓珍漢な線を提示する危険性もある。また，必然的にデータがない部分については予測できないということにも気をつける必要がある。教師あり学習はあくまでもデータをもとにした分類・回帰であるため，内挿はできても外挿ができないというのは当然である。ここから言えるのは，教師あり機械学習の精度を高めるためには，想定される問題をすべてカバーするように，網羅的にデータを集める必要があるということである。ただ，特に土木工学分野においては，これは必ずしも容易なことではない。特に，高品質のデータを網羅的に得るためのセンシングは，許容できないコストがかかるケースが多い。その場合は，例えば有限要素法（FEM）によるシミュレーションによる結果を代用したりするようなことが考えられるが，シミュレーションと実際が異なることも土木工学の常であり，これらを合わせるのは今後の研究課題である。

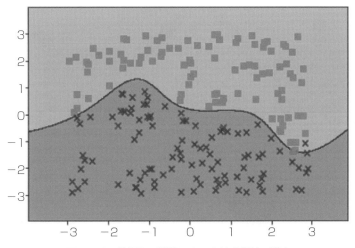

図 3-13　教師あり学習による 2 値分類線の導出

3.3.2 ディープラーニング[10]

3.3.1 で述べた教師あり機械学習の一種は強力な手法であるが，一方で適切に使えない事例も多い。具体的には，「何に注目するか」という特徴量を定めるのが難しい問題の場合である。特に，画像からの情報抽出などが代表的なものとして挙げられる。人間が，経験などをもとに画像から情報を抽出できる場合でも，なぜ情報が抽出できるか説明できないケースが多く，また説明できてもそれを指標化できないケースも多い。そのような課題を解決することができる可能性があるのがディープラーニングである。

ディープラーニングも教師あり機械学習に分類されるが，ディープラーニングは従来型の教師あり機械学習と異なり，特徴量を人間が定義せずとも，有効な特徴量を自動的に発見してくれるというメリットがある。**図 3-14** に，青りんごと赤いりんごの分類を例とした概念図を示す。従来型の教師あり機械学習では，表面の色を特徴量として注目するように人間により指定する必要がある。そして，どの程度赤ければ赤いりんごとするか，どの程度緑であれば青りんごとするか，そのしきい値の判断をアルゴリズムは行うこととなる。一方でディープラーニングは，表面の色に注目すればよいということをデータから自動的に把握できる。この特徴量を自動的に発見してくれるというメリットを持つディープラーニングの特長を生かせば，上記の「なぜ情報が抽出できるか説明できないケース」や，「説明できてもそれを指標化できないケース」についても精度の高い解析が可能となる。特に，これらに当てはまる画像解析の場合に，

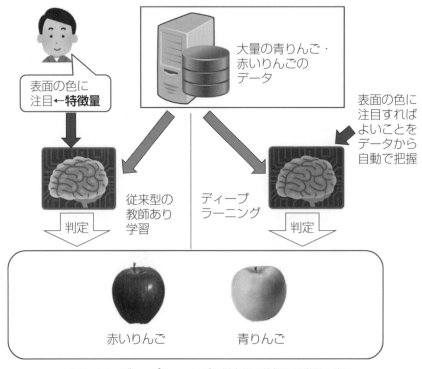

図 3-14 ディープラーニングと従来型の教師あり学習の違い

従来型の教師あり学習を用いる場合と比較して，運用面や精度に大きく差が出る。もしかしたら，青りんごと赤いりんごは，その形状が微妙に異なるかも知れず（赤いりんごのほうがわずかにゆがんでいる傾向があるなど），それは人間が特徴量として与えることは難しいが，十分なデータがあればディープラーニングは自動的に把握することも可能である。以下では，画像解析を例として，基礎理論およびアプリケーションを紹介する。なお，画像以外についても大枠の理論は大きくは変わらないので，画像解析を例にした次節の記載は参考になると思われる。

（1）ディープラーニングの基礎理論[13]

ディープラーニングを用いて画像データに対する分類などのタスク処理を行う場合は，畳み込みニューラルネットワーク（Convolutional Neural Network：CNN）やその発展的なモデルが多く用いられる。画像に対するタスク処理を行う際には，画像内のエッジ部分などの何らかの特徴を，次式に示すフィルタリング処理によって強調・抽出したうえで計算処理にかけることが一般に行われる。

$$Z(i,j) = \sum_{r,s} I(i'+r, j'+s) \cdot F(r,s)$$

上式において，$Z(i, j)$ は画像の特徴，$I(i, j)$ は入力画像の画素値，$F(r, s)$ はフィルタをそれぞれ表しており，ここでは簡単のために元の画像はグレースケールを想定している。上式は，小さなサイズのフィルタを，位置をずらしながら入力画像に重ねて積和を取る畳み込み演算を表している（**図3-15**）。抽出したい特徴や目的に応じてさまざまなフィルタが設計されており，同図に示したフィルタであれば，ある画素とその周辺の計9画素間で平均を取る平滑化フィルタを表している。

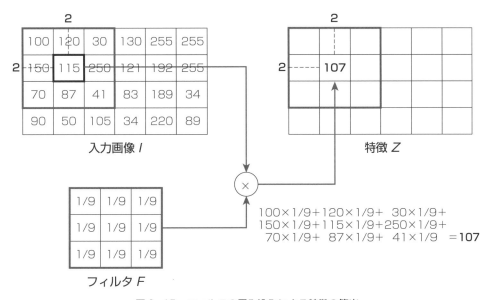

図3-15　フィルタの畳み込みによる特徴の算出

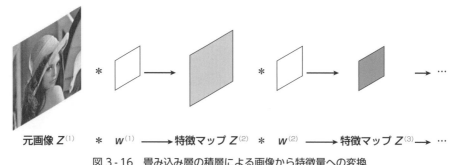

元画像 $Z^{(1)}$　＊　$w^{(1)}$ ⟶ **特徴マップ** $Z^{(2)}$　＊　$w^{(2)}$ ⟶ **特徴マップ** $Z^{(3)}$ ⟶ …

図 3‑16　畳み込み層の積層による画像から特徴量への変換

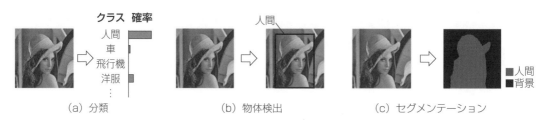

図 3‑17　画像処理におけるタスクの例

　この画像のフィルタについて，従来型の機械学習の場合では，あらかじめ事前知識に基づく考察や試行錯誤によってタスク処理において有効と考えられるフィルタを決定する必要があった。しかし CNN は誤差逆伝播法を通じてフィルタを変化させ，与えられたタスク処理に応じたフィルタを自動的に構成する。これがディープラーニングが特徴量を自動で発見する理屈である。

　実際の CNN は一般に，上述した畳み込み機能を持つ層（畳み込み層）を繰り返し作用させることにより，元画像を次第に抽象的な特徴へと変換していく（**図 3‑16**）。また，畳み込み層に加えて出力値のサイズを小さくしながら局所的な特徴を画像全体の特徴へ統合していくプーリング層や，通常のニューラルネットワークと同様に活性化層や全結合層などを組み合わせてそのネットワーク構造が設計される。また CNN は，入力画像の特徴抽出から最終的なタスク処理までを一つのネットワークで実施する点も特徴の一つである。

　CNN は，ある画像が全体として表しているものが，あらかじめ用意したクラスのいずれに相当するかを判断する，「分類」と称されるタスクに主に用いられるモデルである（**図 3‑17 (a)**）。また分類に加え，「物体検出」や「セグメンテーション」と称される画像処理タスクもある。分類とはある画像が全体として表しているものが，あらかじめ用意したクラスのいずれに相当するかを判断するタスク，物体検出とは画像全体の中から目的の事物の存否や存在範囲を判断するタスク，セグメンテーションとは画像内の個々の

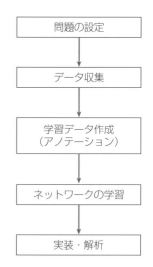

図 3‑18　問題設定から解析までのフロー

画素が属するクラスを画素単位で判別・分類するタスクである。

　これら三つのタスクは異なるように見えて，問題設定から解析までの流れは類似している。**図 3-18** にフローチャートを示す。まず解きたい問題を設定し，それに従うデータを集め，データに対してアノテーションを行うことで学習データを作成し，ネットワークを学習し，そしてそのネットワークにより新たな画像について解析を行う，という流れは共通している。なお，常に課題となる点も共通しており，それはデータ収集と学習データ作成である。ディープラーニングは特徴量の探索まで行う関係上，データが大量にないと最適なモデルに近づくことすらできない。(しかも，問題によってどの程度の数が必要かというのはオーダーすら変わるため，試行錯誤が必要となる)。また，膨大な数のデータに対して正解をつけて学習データとする必要があるが (アノテーションと呼ばれる)，大変な労力を要する作業である。このようなハードルはあるものの，これを超えれば，さまざまなことが近年のディープラーニング技術では実現できる。次項でその例を示す。

（2） アプリケーション

　鈴木，西尾は橋梁の主桁，床版，支承を対象に，撮影画像から損傷度を判定し，分類する CNN を構築し，その性能検証を行っている[14]。**図 3-19** はそのうち支承の例である。この分類器を構築するために行っていることは，損傷している支承の画像と損傷していない支承の画像を集め，それぞれに「損傷あり」「損傷なし」というようにラベルづけ (アノテーション) をし，そして CNN に与えて学習させるというプロセスである。

(a) 損傷なしと分類　　　　　　　　　　　　　(b) 損傷ありと分類

図 3 - 19　支承の損傷有無の分類例

　解析にあたっては，**図 3-18** のフローに従い，学習データを収集・整理し，次いで学習データにラベルを紐づけ (アノテーション)，そして CNN のネットワークを設計して学習する，ということを行う。もう少し具体的に述べると，損傷している支承の画像と損傷していない支承の画像を集め，それぞれに「損傷あり」「損傷なし」というようにラベルづけをし，そして CNN に与えて学習させるというプロセスである。これにより，写真さえあれば，人間が現地に行かなくても自動的に点検が可能となる。これは，**図 3-17** の三つのタスクのうち，分類タ

スクに該当する。

　類似のアプリケーション例として，耐候性鋼材の損傷度判定がある[13]。我が国では耐候性鋼材が鋼橋の材料として 1965 年ごろから試験的に採用されはじめた。その後経済性で有利となる耐候性鋼橋梁の需要は伸び，2010 年度発注分で国内発注物件の重量比率 25% を占めるまでになった。これは，耐候性鋼材表面に形成される保護性さびにより従来必要であった塗装が不要となりライフサイクルコストが抑制できるためである。

　保護性さびの形成は，環境条件，部材条件，材料条件により影響を受けるため橋梁によって形成状況が異なる。また，同一橋梁においても部位によって常に湿潤環境になる場合があるなど，保護性さびの形成状況に差が生じる場合が多い。これら保護性さびの状態は，外観目視により 5 段階で評価され，把握されている（**表 3-1**）。外観評点が 3～5 であれば腐食摩耗量は片面あたり平均 0.5 mm 以下／100 年とされ，耐候性鋼材の適用環境として適当であり，環境の変化がない限りは腐食速度が急激に増加する可能性は低い。よって，正常か要観察かを判断するために，外観評点を的確に判定することが重要である。

表 3-1　耐候性鋼材の外観評点

評点	1	2	3	4	5
写真					
錆の状態	層状剥離	大きさは 5～25 mm 程度 うろこ状	大きさは 1～5 mm 程度	大きさは 1 mm 程度以下で細かく均一	量が少なく，比較的明るい色調
錆の厚さ	約 800 μm 超	約 800 μm 未満	約 400 μm 未満	約 400 μm 未満	約 200 μm 未満
今後の処置の目安	板厚測定	経過観察	不要	不要	不要

　このようなさびの状態の分類を人間が行う場合，主観や経験などの個人差により，差が生じることがある。特に，写真から判断する場合には判断のバラツキが生じる。そこで，熟練技術者が評価した写真データと評点を教師データとして用いて耐候性鋼材のさびの評点を判定する AI が提案されている。この解析も先程の例と同様のプロセスで実現できる。具体的には，外観評価 1～5 の画像を多く集め，それぞれに 1，2,…，5 というようにラベルづけをし，そして CNN に与えて学習させるというプロセスである。

　近年，CNN を簡単に使えるようなフレームワークが整備されていることを考えると，このような解析を行うこと自体は難しくない。ただ，データ収集とアノテーションという，地道な部分に対して苦労がつきまとう。この苦労に対して，非定形手仕事の業務の労力がどの程度軽減されるか，ということを比較しながら AI を構築・導入することとなる。本事例の場合，支承の写真や耐候性鋼材の写真を撮影するために結局近接して撮影するのであれば，AI によっ

て解消される手間が大きいとは言えず，現状では釣り合っていないという見方もある。しかしドローンなどの機械による自動点検・省人化／無人化点検が今後普及してくれば，データ取得コストが低下するため，AIにより損傷を判定する手法の確立には大きなメリットが生じるようになる。

図3-18の三つのタスクのうち，物体検出の事例としては，アスファルト舗装の損傷検出がある。アスファルト舗装の損傷は舗装の構造機能の耐久性や路面の走行性，走行時の安全性，あるいは沿道環境に悪影響を及ぼすため，適切な維持修繕を行う必要があり，そのためには路面状態を的確に把握する必要がある。また，予防保全型の管理を行いライフサイクルコストを低下させるという意味でも，適切，効率的な維持管理が必要となる。しかし舗装の点検は労力面，コスト面の負担が大きく，また舗装の維持修繕費はピークであった1990年代前半と比べ半分近くまで落ち込んでいることもあり，都道府県の2割，市町村の8割が舗装の点検について未実施である。このような問題の解決のため，車両に設置したカメラで路面を撮影し，その画像を解析し，損傷を検出する手法に関する研究開発が，著者らの研究グループを含む複数の研究グループで行われている。

物体検出手法の一つ，YOLOv3[15]による解析結果例を図3-20に示す。ひび割れについては白い実線による四角で，ポットホールについては白い破線による四角で囲まれて検出される。図よりわかるように，コンクリートの場合と異なり，ひび割れやポットホールを画素ごとに調べているのではなく，あくまでも領域で調べている。これは，アスファルト舗装のひび割れが重要ではないというわけではないものの，それよりは亀甲状かどうかといった形状や，ポットホールの存在有無のほうが重要であるためである。

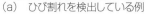

（a） ひび割れを検出している例　　（b） ポットホール及びひび割れの双方を検出している例

図3-20　アスファルト舗装からのひび割れおよびポットホール検出

これについても図3-18のフローに従い，学習，解析を行うのであるが，分類の場合とアノテーションのやり方は異なる。このような物体検出のAI構築のためのアノテーションは，画像内のどの領域に何が存在するかということを四角形で囲って作っていくこととなり，分類と比べるとやや負担は大きい。しかし，舗装の損傷検出に関して言えば，本手法で自動化できる

作業量は多く，メリットがある。それゆえ，例えば文献 16 など，実用化に向けた取り組みも存在する。

　また，地中レーダによる埋設管調査においてもディープラーニングによる物体検出は力を発揮する。以下にその事例を紹介する。

　地下利用が進展し，都市の路面下に埋設された上下水道，電気，ガス，通信などの埋設管が増えるにつれて，これらの埋設管が設計施工上の障害となることが多くなってきている。掘削を行わずに地下埋設管の埋設位置を確認する技術として地中レーダ探査が広く用いられているが，現状地中レーダによる探査結果は目視によって分析されており，分析のコスト・労力と客観性が問題視されている。そこで，地中レーダによって取得された地中可視化画像から，目視によらずに，ディープラーニングにより自動的に地下埋設管を検出する手法の構築を進めている。

　地中レーダによる埋設管の検出原理は**図 3-21** に示すとおりである。送信アンテナがまず電磁波を発生させる。電磁波は地中を伝搬し，比誘電率が異なる物体が存在する地点で反射し，そして受信アンテナで受信する。埋設管の長手方向の向きに直角にアンテナを移動させながら計測すると，**図 3-22 (a)** のような画像が得られる。**図 3-22 (a)** で見られる双曲線状の模様が埋設管からの反射波である。ここから，アスファルト舗装の例と同様に，YOLOv3 で埋設管の位置を検出することを試みた。その結果を**図 3-22 (b)** に示すが，的確に検出できている様

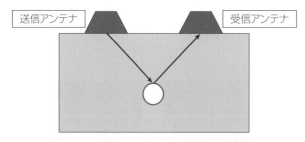

図 3 - 21　地中レーダによる埋設管の検出原理

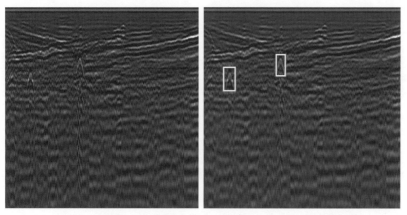

（a）　地中レーダで得られる画像　　　　（b）　双曲線上の模様の検出

図 3 - 22　埋設管からの反射波の検出例

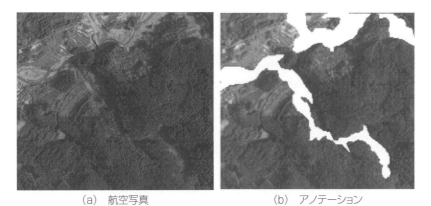

（a）　航空写真　　　　　　　　　　　（b）　アノテーション

図 3 - 23　航空写真に対するアノテーション

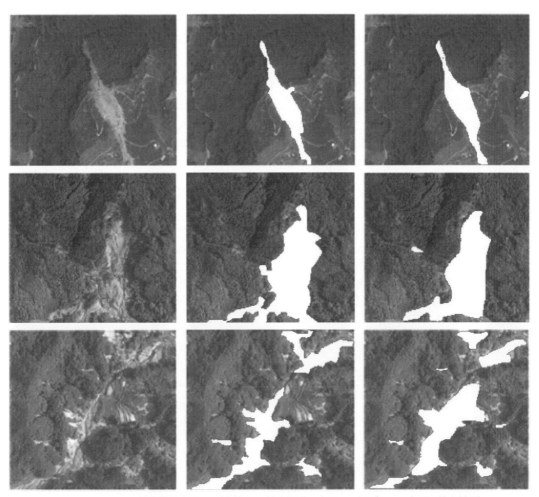

図 3 - 24　斜面崩壊領域検出結果の例 (左図：航空写真，中図：正解データ，右図：検出結果)

子がわかる。このような検出を数 10 cm おきに手作業で行うのは多大な労力を必要とする。本研究の手法に従えば，自動化への道筋が拓け，人間はより創造的な業務に専念できるようになる。また，自動化により地中の埋設管を網羅的に GIS にプロットすることも可能になると考えられ，工事，維持管理含む各種用途への活用が将来的には見いだされると思われる。

図 3-17 の三つのタスクのうちの最後の一つ，セグメンテーションの例としては，航空写真からの斜面崩壊領域の検出事例を示す[17]。日本では，地震や豪雨に伴う斜面崩壊が数多く発生している。これらの被害状況を把握するために，国土地理院により被災地域の航空画像の緊急撮影が行われており，これらの撮影画像は関係する自治体などに共有されるとともに，国土地理院等のホームページで公開されている。これらの航空写真は各自治体などにおいて，被災状況把握や災害査定に利用されるなど，被災地の復旧・復興業務に役立てられている。しかし，被災箇所の地図を作成する際，斜面崩壊領域の判読，抽出は作業者が目視，手作業で行っている。そのため，被害状況の迅速な把握が難しい状況にある。セグメンテーションの場合でも，分類や物体検出などと同様に，**図 3-18** のフローに従いデータを集めて，アノテーションを行うこととなる。この場合も，学習データは，検出結果として望むような形式で作成する。例えば**図 3-23 (a)** に示すような例であれば，**図 3-23 (b)** のように作成する。そうして蓄積した学習データから AI を学習させることで，新規画像に対しても的確な検出結果を得ることができる。筆者らによる検出結果例を**図 3-24** に示す。的確に斜面崩壊領域が検出できており，たとえば斜面崩壊領域の面積を求めて災害査定に用いるといったユースケースにもつながるものである。

（3） AI 技術やデータサイエンス技術の活用に向けた今後の展開

ここまで，AI 技術の概要と，土木分野での適用例について，著者らの研究成果をもとに紹介した。上記のディープラーニングを含む教師あり学習は，大量のデータを用いた学習により，帰納的にモデルを構築するものである。特に，データが考えられるすべての境界条件のもとで網羅的にあり，かつ入力の形式と出力の形式が固まっていれば，的確な内挿の実現により高い精度の結果が得られるところに有効性がある。しかし現状では，解くべき問題と活用可能なデータ量（あるいは質も）のバランスが取れていない。上記のような適切な結果が出ている例はまれであり，大抵の問題では，活用可能なデータは，一般的に教師あり学習の入力として求められる量よりはるかに（おそらく数オーダーは）少なく，しかも偏ったものしか得られないことが多い。その原因としては，

- 土木構造物は建設される環境が異なるために一品生産物であり，工場製品と比べて個体差が大きく，網羅性が低くなること
- センサによる計測のコスト（特に設置コスト）が一般的に高価で，かつ計測器具，計測手法，計測位置は技術者の裁量により定められるため，同種のデータが揃わないこと
- 管理者の意向により非公表となるデータが多いこと
- 対策予算の都合など，さまざまな事情によりデータが操作され得ること

- 実現象を再現するための実験は，必然的に大規模でコストが大きくなりがちなこと

などが挙げられる[18]。そのため，教師あり学習の「学習範囲外の状況に弱く，実世界状況への臨機応変な対応ができない」という欠点の影響を避けることができない。そしてデータ数が少ないというのは本質的な課題であり，仕組み・枠組みの変更がどうしても要求される。

そこで，本章で最初に述べたデータプラットフォームが必要となる。上でも示したように，現在，土木分野でもデータプラットフォームは各種提案されており，また用いられている。ただしそれらが，仮にデータが単純にアップロードされている（あるいはリンクが貼られている）データポータルのような形では，それはそれで有用なものの，本質的なデータ不足という課題解決にならない。データ構造をユースケースを見据えて設計し，またデータそのものも PDFや紙のような形式だけでなく解析に適用可能な形で蓄積し，そして AI 導入による計測自動化やセンシング技術の新規開発を通して次元の異なるデータ収集を実現することが必要である，ということを再度強調しておきたい。ただ注意点として，これらのことを土木分野の専門知識がない情報工学分野の技術者に丸投げしてしまうと，ユースケースのかゆいところに手が届かず，持続可能なものとならない。つまり，土木工学分野の専門知識を持つ技術者こそが，AI，データプラットフォームといった情報工学技術に対して主体的に取り組むことが，持続可能かつ実質化されたシステム構築に必要であり，i-Construction の目指すところである。

《参考・引用文献》

[1] 経済産業省「平成 28 年版 通商白書—日本を活かして世界で稼ぐ力の向上のために」2016
https://www.meti.go.jp/report/tsuhaku2016/2016honbun/index.html（最終アクセス 2021/2/10）

[2] Open Knowledge Foundation "OPEN DATA HANDBOOK"
https://opendatahandbook.org.（最終アクセス 2020/10/14）

[3] 太田 洋・本橋信也・河野達也・鶴見利章『NOSQL の基礎知識—ビッグデータを活かすデータベース技術』リックテレコム，2012

[4] 国土交通省「国土交通データプラットフォームで実現をめざすデータ連携社会」2019
https://www.mlit.go.jp/report/press/content/001341855.pdf（最終アクセス 2020/10/14）

[5] 国土交通省「産学官連携によるイノベーションの創出を目指します～『国土交通データプラットフォーム（仮称）整備計画』を策定しました～」2019
https://www.mlit.go.jp/report/press/kanbo08_hh_000592.html（最終アクセス 2020/10/14）

[6] 土橋 浩・長田隆信「インフラデータプラットフォームの活用 インフラマネジメントから防災情報システムへ」AI・データサイエンス論文集，Vol.1, J1, pp.17-24, 2020

[7] D. Autor, F. Levy, R. Murnane: The Skill Content of Recent Technological Change: An Empirical Exploration, The Quarterly Journal of Economics, November 2003

[8] D. Autor, D. Dorn: The Growth of Low-Skill Service Jobs and the Polarization of the US Labor Market, American Economic Review, 103(5), pp.1553-1597, 2013

[9] 杉崎光一・阿部雅人・全 邦釘・河村 圭「AI によるインフラメンテナンスの生産性向上」第 44 回土木情報学シンポジウム，2018

[10] 全 邦釘「インフラメンテナンスにおける AI の活用例と，今後の態勢構築への提言」（特集 ICT 先端技術（AI などの適用事例）），JACIC 情報，Vol.33, No.2, pp.9-13, 2019

[11] 平井有三『はじめてのパターン認識』森北出版，2012

[12] 杉山 将ら監訳『統計的学習の基礎―データマイニング・推論・予測』共立出版，2014

[13] 全 邦釘・党 紀・佐野泰如・杉崎光一・宮本 崇・阿部雅人・清水隆史「AIを活用した鋼構造物の腐食損傷の点検・診断の現状及び展望」防錆管理，Vol.64，No.6，pp.193-200，2020

[14] 鈴木達也・西尾真由子「橋梁定期点検における部材損傷度判定への深層学習の適用に関する検討」土木学会論文集F3（土木情報学），Vol.75，No.1，pp.48-59，2019

[15] J. Redmon and A. Farhadi: Yolov3: An incremental improvement, arXiv preprint arXiv, 1804.02767, 2018

[16] NEC プレスリリース「福田道路とNEC，AI技術を活用した舗装損傷診断システムを開発〜路面の映像からわだち掘れとひび割れを同時に検出〜」
https://jpn.nec.com/press/201701/20170131_01.html（最終アクセス 2020/10/14）

[17] 叶井和樹・山根達郎・石黒聡士・全 邦釘「Semantic Segmentationを用いた斜面崩壊領域の自動検出」AI・データサイエンス論文集，Vol.1，J1，pp.421-428，2020

[18] 全 邦釘「土木工学分野における人工知能技術活用のために解決すべき課題と進めるべき研究開発」AI・データサイエンス論文集，Vol.1，J1，pp.9-15，2020

4 i-Construction における 情報通信と遠隔計測

4.1 i-Construction で活用される 情報通信・遠隔計測技術の概要

　情報通信は広く一般に遠隔地と情報をやりとりすることであり，さまざまな方法が存在し，また提案されている。i-Construction を推進するうえでも，情報通信技術の活用は必須のものであるが，歴史的に土木工学の枠組みに情報通信分野は含まれないため，社会基盤に携わる技術者間での情報通信に関する事項の意思疎通に齟齬が生じることも多かった。本章では，情報通信の基本的知識を整理するとともに，情報通信技術を活用した遠隔計測技術を示すことで，i-Construction において最小限必要とされる情報通信技術について述べる。

　コンピュータが普及する以前は，デジタルデータは存在せず，紙やフィルムに記録されたアナログデータを，転記や光学複写して，電話や郵送などのアナログ通信技術によって情報通信が行われていた。その後，コンピュータの普及により，さまざまなデータはコンピュータで利用できるデジタルデータとして保存されるようになったが，インターネットが普及する以前は，既存のアナログ電話回線とモデムの利用や，デジタルデータを保存したメディアの郵送によって，デジタルデータの交換が行われていた。インターネットは我が国では 1990 年代後半から本格的に普及し，今日ではインターネットを介してさまざまなデジタル情報の交換が可能となっている。インターネットは汎用性が極めて高いデジタル通信手法であるが，インターネットを用いて情報のやりとりを行うには，当然であるがインターネットに接続されたパーソナルコンピュータやスマートフォンといった情報機器が必要である。一方で社会基盤に関連する情報通信は，状況によっては情報機器を常時稼働させることが困難な場合もあり，インターネット以外の情報通信技術が好ましい場合も存在することに注意が必要である。

　i-Construction において必要と考えられる情報交換のニーズを**表4-1**に示す。集約されたデータのやりとりにはインターネットが有効であるが，構造物に設置されたセンサや観測機器からのデータを取得する際には，個別のセンサや機器ごとにインターネット通信を行うための接続機器を付加することは現実的ではなく，インターネット接続機器までの最適な通信方法を検討することが重要である（**図4-1**）。一方で，情報交換を行う機器の数が増えるにつれ，有

線接続の場合には配線の管理が煩雑となるため，電波を用いた無線接続を用いることが好ましい。電波は周波数帯に応じてそれぞれ特徴を持ち，伝搬特性，波長（アンテナの大きさに影響），帯域などの観点から適切な用途に周波数の割り当てが行われている（**図 4-2**）。

表 4-1 i-Construction における情報交換のニーズ

ニーズ	種類	データ量	リアルタイム性	方法	備考
遠隔地情報取得	音声から動画まで多種多様	文字の場合：少，動画の場合：多	緊急性に応じて多種多様	トランシーバ，電話，インターネット，専用回線	
現場での計測・観測	数値，写真，動画	多	被害把握の場合は必要，蓄積用の場合は不要	配線，記憶メディア，無線回線，インターネット	
図面など記録データ	CAD データ，写真，スキャン画像	中〜多	不要	インターネット	
データ検索	多種多様のデジタルデータ	多種多様	将来的に必要	インターネット	高速性が必要
データシステム連携・共有・配信	多種多様のデジタルデータ	多	将来的に必要	インターネット	連携が構築途上，多対多，サーバ対サーバ

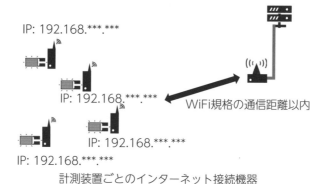

個別のインターネット接続を前提としたデータ取得

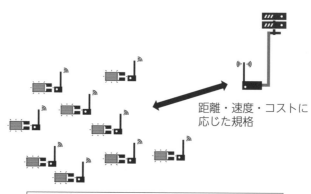

ニーズに応じた無線接続を前提としたデータ取得

図 4-1 ニーズに応じた無線通信利用のメリット

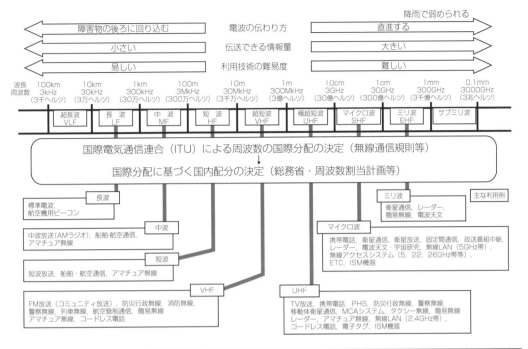

周波数帯	波長	特　徴
超長波	10〜100 km	地表面に沿って伝わり低い山をも越えることができる。また，水中でも伝わるため，海底探査にも応用できる。
長波	1〜10 km	非常に遠くまで伝わることができる。電波時計等に時間と周波数標準を知らせるための標準周波数局に利用されている。
中波	100〜1000 m	約 100 km の高度に形成される電離層の E 層に反射して伝わることができる。主にラジオ放送用として利用されている。
短波	10〜100 m	約 200〜400 km の高度に形成される電離層の F 層に反射して，地表との反射を繰り返しながら地球の裏側まで伝わっていくことができる。遠洋の船舶通信，国際線航空機用の通信，国際放送及びアマチュア無線に広く利用されている。
超短波	1〜10 m	直進性があり，電離層で反射しにくい性質もあるが，山や建物の陰にもある程度回り込んで伝わることができる。防災無線や消防無線など多種多様な移動通信に幅広く利用されている。
極超短波	10 cm〜1 m	超短波に比べて直進性が更に強くなるが，多少の山や建物に陰には回り込んで伝わることができる。携帯電話をはじめとした多種多様な移動通信システムを中心に，デジタルテレビ放送，空港監視レーダーや電子レンジ等に幅広く利用されている。
マイクロ波	1〜10 cm	直進性が強い性質を持つため，特定の方向に向けて発射するのに適している。主に固定の中継回線，衛星通信，衛星放送や無線 LAN に利用されている。
ミリ波	1 mm〜10 mm	マイクロ波と同様に強い直進性があり，非常に大きな情報量を伝送することができるが，悪天候時には雨や霧による影響を強く受けてあまり遠くへ伝わることができない。このため，比較的短距離の無線アクセス通信や画像伝送システム，簡易無線，自動車衝突防止レーダー等に利用されているほか，電波望遠鏡による天文観測が行われている。
サブミリ波	0.1 mm〜1 mm	光に近い性質を持った電波。通信用としてはほとんど利用されていないが，一方では，ミリ波と同様に電波望遠鏡による天文観測が行われている。

図 4-2　我が国の電波の割り当て[1]

電波の伝搬特性については，現在はほとんど用いられることがなくなったが，3 MHz～30 MHz 帯の短波帯 (HF) は，電離層による反射が活用でき，見通し距離をはるかに超える海外通信が可能であるため，海底ケーブルや通信衛星が普及するまで，国際テレックスなどに広く活用されていた。30 MHz～300 MHz 帯の超短波帯 (VHF) は，FM ラジオ放送の周波数帯であり，回折によって障害物の背後にも回り込む特性を持ち，防災無線に現在でも活用されている。300 MHz～3 GHz 帯の極超短波帯 (UHF) はさまざまな用途に広く用いられている。直進性が強いが，多少であれば障害物の背後に回り込む特性を持つ。中でも 700 MHz～900 MHz 帯は回折効果で GHz 帯と比較して障害物に対して強いためプラチナバンドと呼ばれ，携帯電話回線において広く使われている。3 GHz 帯から 30 GHz 帯 (マイクロ波) は，直進性が非常に強く，見通し範囲の通信に適している。固定中継回線，衛星通信，無線 LAN，レーダなどに広く使われている。30 GHz～300 GHz 帯 (ミリ波) は，直進性が極めて高く，雨や霧による減衰を受ける。短距離の通信システムやレーダに使われているが，利用分野の開拓の余地が広く残されている。また，自由空間における伝搬減衰 L_t は，波長を λ，距離を d とすると，

$$L_t = \left(\frac{4\pi d}{\lambda} \right)^2$$

で示され，同じ利得のアンテナを用いる場合は，波長が短い (周波数が高い) ほど減衰が大きい。送受信に必要となるアンテナの大きさは，最も単純なアンテナであるダイポールアンテナの長さ，すなわち半波長が基本となる。波長 λ は，光速を c，周波数を f として，

$$\lambda = \frac{c}{f}$$

であるから，移動体通信には，アンテナのサイズが 1 m 以下となる 300 MHz 以上の周波数帯が用いられることが多い。

通信容量すなわち単位時間あたりの情報量 C(bps) は，通信に用いる周波数帯域幅 W(Hz) と信号対雑音比 S/N で上限が定まる (シャノンのチャネル容量)。

$$C = W \log_2 \left(1 + \frac{S}{N} \right)$$

このことから，通信速度を向上するには，より広い周波数帯域幅が必要となることがわかる。一般に，高速通信には高い周波数帯が好ましいとされるが，これは周波数帯幅の確保の観点からの結論であって，同じ帯域幅が確保できるのであれば，周波数には依存せず，減衰を考慮した場合には，必ずしも高い周波数の利用が最適とは限らないことに注意が必要である。また，回線の信号対雑音比を改善するために，送信出力を向上することも通信速度向上の方法となる。さらに，この理論上限値に近づくための，周波数利用効率の向上のためにさまざまな通信方式が提案されている。

こうしたさまざまな境界条件に基づいて，周波数の割り当てが行われており，i-Construction で用いられる無線通信技術の種類と特長をまとめたものを**表 4-2** に示す。

表 4 - 2　i-Construction と関連の深い通信の分類

通称	使用形態	周波数帯	帯域	速度	到達範囲	免許	コスト
5 G	移動体通信	2.5 〜 5 GHz, 24 〜 50 GHz	〜 400 MHz	〜 4 Gbps	数百 m	必要	通信利用料
4 G	移動体通信	1 〜 3 GHz	〜 20 MHz	〜 1.7 Gbps	数 km	必要	通信利用料
WiFi	無線 LAN	1 〜 5 GHz	〜 20 MHz	〜 10 Gbps	数十 m	不要	不要
LPWA	IoT	400 MHz 〜 1 GHz	〜 500 kHz (LoRa)	〜 22 kbps (LoRa)	数 km	不要	不要

　これらの無線通信技術は，遠隔からの計測データの大量収集と蓄積を実現することができ，データ活用に基づいた省力化と省コストといった i-Construction に不可欠なものとなっている。さらに，国土交通データプラットフォームのような各種データの横断的活用に資するデータ連携基盤となるデータプラットフォームが近年稼働を開始し，広範囲の社会基盤の情報を継続的に蓄積することが可能となっている[2]。したがって，データドリヴンの将来の社会基盤の維持管理や災害時の対応を考える際，データプラットフォーム上で必要十分な量のデータが流通することが重要であるため，社会基盤のデータを大規模かつ効率的に取得する重要性が増している。近年のセンサデバイスの発展は，スマートフォン，UAV，自動運転などさまざまな分野に適用されており，これまではコスト面から困難であった社会基盤の大規模センシングが現実的なものとなっている。また，人工衛星を用いた光学観測や合成開口レーダによる観測データが入手可能になっている。特定の社会基盤に限定されることなく，多種多様の社会基盤に対して継続的に蓄積される大規模センシングデータの取得は，AI による分析や，防災のための社会基盤の一元監視に必須のものであり，無線通信を活用した効果的なデータ取得が重要となる。i-Construction に活用が期待できる社会基盤の諸量と特長を**表 4-3** に示す。継続的なデータ蓄積を行う際，たとえば，地震波のように常時計測を必要とするデータと，構造物の腐食の進行度合いのように一定時間ごとの計測でニーズが満たされるデータが存在する。後者のデータ取得は，間欠的なセンシングのため，センシングデバイスの電源やデータ通信のためのコストは低く，また，蓄積されるデータ量が比較的少ないため，データの維持コストも低い。これらの非リアルタイムデータをエッジコンピュータ技術を用いて，真に必要な情報をセンシ

表 4 - 3　社会基盤に関連するデータ

対　象	量
社会基盤構造物	変位，加速度，ひずみ，力，応力，損傷
河川・港湾	水位，潮位，流量，波高
道路	交通量
地盤	組成，N 値，振動
気象	温度，湿度，降水量，日照
植生・作柄	周波数スペクトル

ング部分で抽出することで情報通信量を削減することも可能となってきている。現状で可能な方法としては，従来はコスト面から困難であった，多地点における多様なデータの大規模な収集を低コストなセンシングと自動化により実現し，データサイエンス技術を駆使して新たな活用を模索することは，実用化に向けたハードルも低く現実的なアプローチと考えられる。

4.2 無線通信技術の活用

　現代では，デジタルデータのやり取りを目的として各種の無線通信方式が実用化されており，規格が制定されている。i-Construction で活用が期待される通信規格の特長を前節で示した。規格に対応した通信用集積回路を用いて通信機器を構成することで，希望する無線通信を利用することが可能となる。通信規格を利用することにより，通信機器はブラックボックスとして扱うことが可能となり，携帯電話回線や WiFi 通信のために，通信用集積回路から新規に i-Construction 用の機器を設計開発することは不要である。ただし，i-Construction のための大量データ収集を想定する場合，通信方式によっては機器 1 台あたりのコストが高額であったり，データ通信料金が発生したりするため，技術的に可能であっても社会基盤への導入が困難である場合もあるため，導入には十分な検討が必要である。WiFi 通信，携帯電話データ通信，LPWA 通信の各規格のビジネスモデルの観点から，コスト発生部分について**図 4-3**に示す。WiFi 通信を提供する WiFi ルータは，インターネットに接続されており，WiFi 通信規格を用いて，複数の情報機器に対して無線接続によるインターネット環境を提供する。その際にインターネット上の一つの IP アドレスを複数の情報機器で共有できるように，プライベートアドレスを発行管理することが多い。既存のインターネット回線を用いる場合には，WiFi ルータの導入コストが発生するが，WiFi 通信は WiFi ルータと情報機器の間で完結し，通信事業会社が介在しないため，通信コストは発生しない。携帯電話データ通信では，既存のインターネット回線が存在しない場合に，携帯電話データ回線を用いてインターネットへの接続を実現すると同時に，情報機器に対してローカルなインターネット環境を提供する。したがって，ルータは情報機器のデータを集約して携帯電話回線を用いた無線通信によって携帯電話基地局を経由してインターネットに接続する役割と，情報機器にインターネット接続を提供するルータ機能を有線もしくは WiFi 通信によって実現する。したがって，LTE ルータと呼ばれる装置のコストと，携帯電話データ通信の通信コストが発生する。LPWA 通信は Peer to Peer 通信で用いられる場合は，情報機器に接続される通信装置のコストが発生する。一方で，LPWA による無線送信データをインターネット上で取り扱う場合には，データを LPWA で送信する装置のコストが発生する。LPWA の規格によっては，LPWA 通信で受信したデータを復調してインターネットに接続するための基地局利用コストが発生する。計測センサなどのセンシングデータを蓄積集約するためのサーバまでのサービスを包括的に提供するビジネスモデルの場合は，サーバ利用コストも発生する。

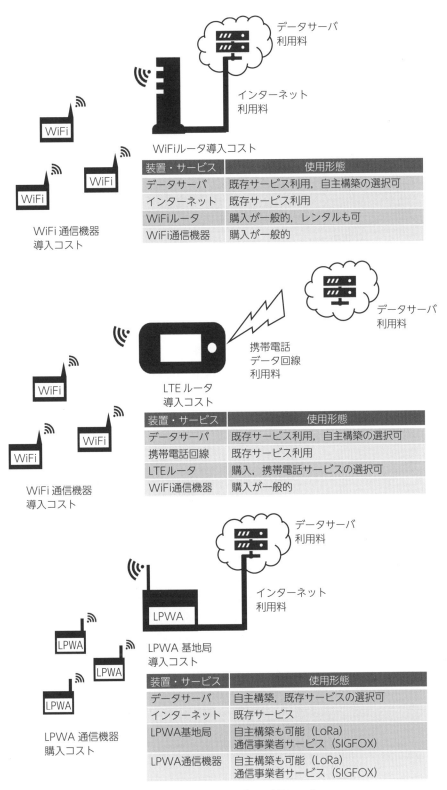

装置・サービス	使用形態
データサーバ	既存サービス利用，自主構築の選択可
インターネット	既存サービス利用
WiFiルータ	購入が一般的，レンタルも可
WiFi通信機器	購入が一般的

装置・サービス	使用形態
データサーバ	既存サービス利用，自主構築の選択可
携帯電話回線	既存サービス利用
LTEルータ	購入，携帯電話サービスの選択可
WiFi通信機器	購入が一般的

装置・サービス	使用形態
データサーバ	自主構築，既存サービスの選択可
インターネット	既存サービス
LPWA基地局	自主構築も可能（LoRa）通信事業者サービス（SIGFOX）
LPWA通信機器	自主構築も可能（LoRa）通信事業者サービス（SIGFOX）

図 4-3 各種通信サービスと利用コスト

　LPWA 通信は，21 世紀に入ってから実用化が進んだ新しい通信方式である。消費電力が小さく低コストであるが，出力と帯域の制限があるため比較的近距離での低速通信が主たる目的とされてきた。LPWA 通信には，SIGFOX，LoRa のほかにもいくつかの規格が提案され実用化されている（**図 4-4**）。この中で，LoRa については，スペクトル拡散通信を用いており，免許不要の輻射電力であっても数 km の通信が可能であることに加えて，用いる通信変調（LoRa 変調）の方式や，ネットワーク化するための規格（LoRaWAN）が公開されており，社会基盤センシングの各種用途に応じて通信機器を自由にカスタマイズすることが可能であり，実証実験も行われている。LoRa を利用した通信機器としては，**図 4-5** に示すようなモジュール基板が市販されており，フィージビリティスタディにおいてさまざまな実験的検討が行いやすい。ソースコードが公開されているため，条件に応じた通信速度や出力の設定，システムの動作遷移などは C 言語や Arduino を用いた統合開発環境下ですべて行うことが可能である（**図 4-6**）。市街地でのリアルタイム浸水モニタリングに LoRa を用いた実証実験例 [4] では，複数の計測地点から 1 km 以内に受信機を設置して，電池の消耗と通信の信頼度が示されている。鋼箱桁橋のリアルタイムひずみ計測に LoRa を用いた実証実験例 [5] では，計測地点から 130 m の距離に受信機を設置して，無線接続によるひずみ計測手法が示されている。河川の水門開閉状況の一元監視に LoRa を用いた実証実験例 [6] では，災害による停電発生時に，被害のない遠隔地からのデータ収集を想定した 10 km 程度の距離に設置した受信機によるデータ収集手法が示されている。収集・蓄積された各種のデータを積極的に活用するスマートシティ構想が進められており i-Construction の円滑な推進のためにも，LPWA を活用したセンシングの重要性は一層高くなると考えられる。

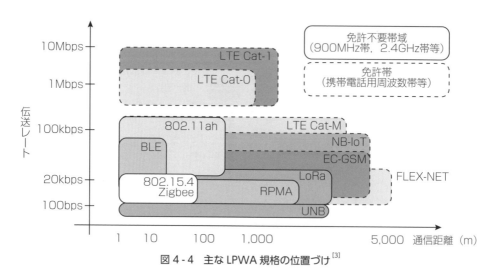

図 4 - 4　主な LPWA 規格の位置づけ [3]

図 4-5　LoRa モジュール基板　B-L072Z-LRWAN1

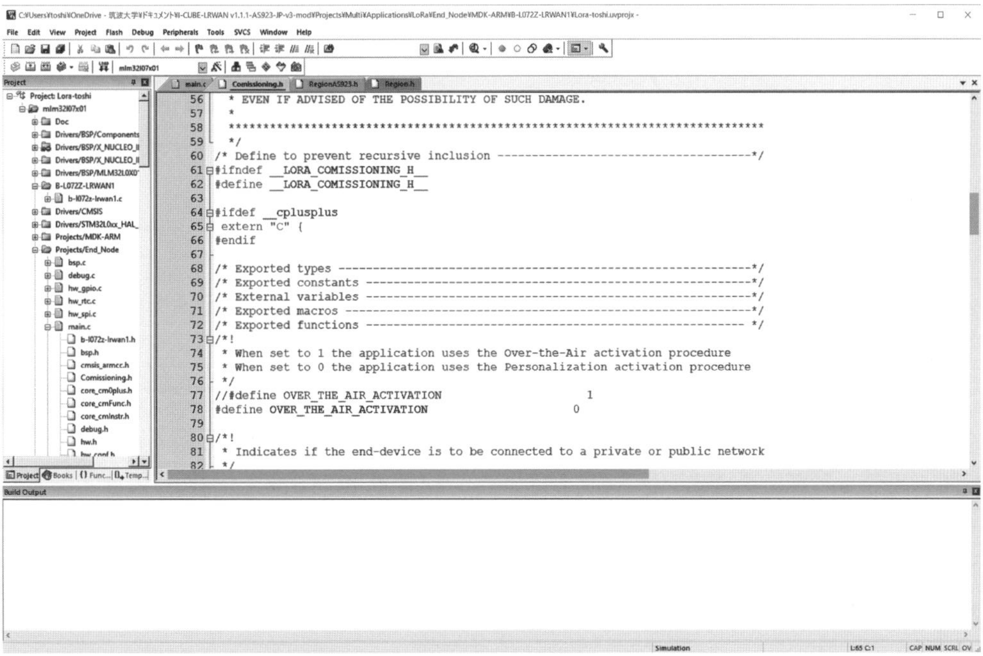

図 4-6　統合環境　Keil μ -Vision

4.3　衛星を利用した情報通信・遠隔計測技術の活用

　従来から航空機を活用した測量が行われており，機器の進歩とともに精度が向上している。近年では，航空機に加えて，人工衛星を活用した通信や計測が普及しつつある。人工衛星の開発や打ち上げ，供用期間中の管制など，さまざまなコストが想定されるが，地震や気象による災害の影響がないため，レジリエンスの高い技術である。静止衛星を用いたインターネット通信（**図 4-7**）は実用化されており，静止衛星軌道と地球間の往復 72,000 km を電波が往復するため，遅延が不可避であるが，契約プランに応じて数百 kbps～数 Mbps の回線速度が得られ

ている。船舶や離島からのインターネット接続には適するが，携帯電話データ回線が使用できない地域の社会基盤のデータ収集などに適用することは，コストの観点から困難なのが現状である。近年，低・中軌道衛星を用いたインターネット通信は実用化が始まり，速度が 50～150 Mbps，遅延は 20～40 m 秒の性能がある。今後の利用コストの低下は未知であるが，端末機器の価格と利用コストによっては，有効な選択肢になる可能性がある。

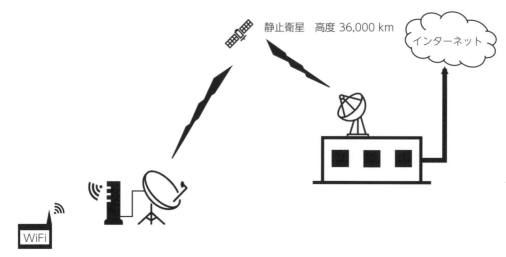

図 4-7　静止衛星利用インターネット

　人工衛星を活用した計測では，合成開口レーダ（SAR）の活用が挙げられる。SAR は数 GHz のマイクロ波帯の電磁波を用いるため，通常の光学衛星観測と比較して天候の影響を受けにくく夜間の観測も可能であるという特徴を持つ[7]。SAR 単体の分解能は数 m 程度であるが，レーダ反射波の強度に加えて，複数の反射波の位相差を用いることにより，数 cm の分解能が実現可能である。

　光学衛星による計測は，SAR よりも古くからある技術である。可視光だけでなく，赤外線領域や紫外線領域を活用することで，地形だけでなく，植生や地面の含水率などを計測することができる。さまざまな現象・状況と特定の光の波長との対応関係が研究されており，それらを組み合わせることで精度の高いリモートセンシングを行うことが可能になる。

　衛星の観測データは日々蓄積，更新されており，Tellus（テルース）においてデータプラットフォーム化されたものは無償で利活用できる[8]。本書で示した例も Tellus から入手したデータである。Tellus は API が公開されているため，複数のデータを連携させた複雑な計測をコンピュータを用いて自動的に実施することも可能であり，i-Construction への積極的な活用が期待される。

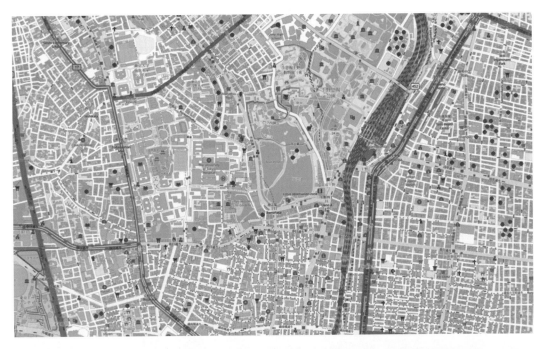

図 4-8　東京大学近隣の地図（上）と SAR の映像（下）

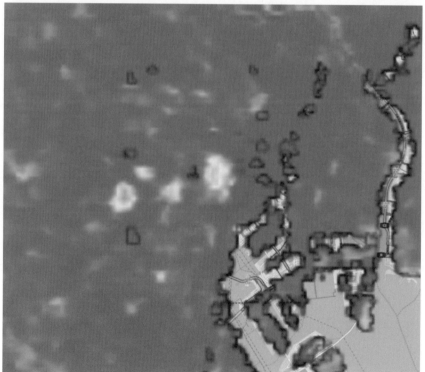

図 4-9 リモートセンシングの例（植生指数）：左から，代々木公園，赤坂御所，皇居の指数が高い

4.4 情報通信と遠隔計測技術の発展と課題

　デジタル通信機器としてスマートフォンが広く普及した今日の状況においては，携帯電話データ回線のサービスエリア内でスマートフォンのテザリング機能を用いることで，WiFi接続できる機器をインターネットに接続することは極めて容易である。例えば，図に示すLPWA の送受信機能と WiFi 出力を備えたマイコンボードは容易に入手でき，LoRaWAN のGateway を単独で構成することが可能である。しかしながら，社会基盤が存在する場所は必ずしも携帯電話データ回線のサービスエリア内であるとは限らない。無人で遠隔から維持管理を行いたい社会基盤は，僻地に存在することも多く，インターネットを介したデータ収集が困難な場合がある。また，災害時こそ社会基盤の被害状況をいち早く収集したい状況となるが，停電が発生して，携帯電話データ回線が停止すると，肝心のネットワークが機能しないことになる。i-Construction は社会基盤を対象とすることを忘れず，簡便性・高速性だけでなく，常に通信のレジリエンスを意識することが重要である。

　UAV や人工衛星を，社会基盤の計測に活用することで，大量のデータを取得することが可能となる。i-Construction を牽引する社会基盤を扱う技術者は，必要となるデータの精度や頻度を適確に把握し，また，得られるデータを組み合わせることで社会基盤の建設や維持管理の新しい手法を提案することが求められている．

《参考・引用文献》

［1］ 総務省「令和2年版情報通信白書」（PDF 版）
　　　https://www.soumu.go.jp/johotsusintokei/whitepaper/ja/r02/pdf/index.html
　　　（最終アクセス 2021/2/10）
［2］ 国土交通省「国土交通データプラットフォーム」
　　　https://www.mlit-data.jp/platform/（最終アクセス 2021/2/10）
［3］ 総務省「平成 29 年版情報通信白書」（PDF 版）
　　　https://www.soumu.go.jp/johotsusintokei/whitepaper/ja/h29/pdf/index.html
　　　（最終アクセス 2021/2/10）
［4］ 関屋英彦・木ノ本剛・高木真人・丸山 收・三木千壽「LPWA を活用した鋼箱桁橋における無線計測に関する基礎的研究」土木学会論文集 F3（土木情報学），Vol.76，No.1，pp.53-62，2020
［5］ 小林 亘・大原 美保「LPWA を用いた市街地でのリアルタイム浸水モニタリングに関する研究」土木学会論文集 F3（土木情報学），Vol.75，No.1，pp.36-47，2019
［6］ 亀田敏弘・岡本健宏・新田恭士・秋山成央・二宮 建・森川博邦「LPWA ネットワーク型データ取得の電源喪失時レジリエンス向上に関する研究」土木学会 AI データサイエンス論文集，Vol.1，J1，pp.554-559，2020
［7］ 鈴木大和・松田昌之・瀧口茂隆・野村康裕・山下久美子・中谷洋明「合成開口レーダ（SAR）画像による土砂災害判読の手引き」国総研資料，No.1110，2020
　　　http://www.nilim.go.jp/lab/bcg/siryou/tnn/tnn1110pdf/ks1110.pdf（最終アクセス 2021/2/10）
［8］ Tellus（テルース）ポータル
　　　https://www.tellusxdp.com/ja/（最終アクセス 2021/2/10）

建設機械自動化のための
ロボット技術

5.1　自動化に必要な技術の概要

　建設機械の自動化と，産業用ロボットの制御や無人搬送車などの自動化の基本的なエッセンスは，ほとんど変わらない。そのため，建設機械の自動化に必要となる技術は，ほぼすべて，ロボット工学の教科書（例えば，文献1や文献2）に掲載される技術に含まれる。ただし，対象とする環境が屋外の自然環境であり，構築するインフラは量産品ではなく一品ものであるため，センシングの困難さや軟弱地盤での動作など，工場内のロボットとは大きく異なる部分もあるため，注意が必要である。

　まず，例として，ダンプトラックなど，自身が移動する機械（本章では，移動する機械を移動体と呼称する）の自動走行に必要となる技術について考える。これは工場内の無人搬送車や，現在研究開発が進められている自動車といった移動体の自動走行の技術と共通する部分が大きいため，

①　走行メカニズムの考案
②　目標走行経路の計画
③　移動体の自己位置推定
④　現在位置を元に目標走行経路上の走行制御
⑤　万が一に備えた障害物検知と衝突回避

という項目で実現可能である。一方で，工場などの整備された環境と比較し，対象が屋外環境であるため，位置推定や障害物回避を行ううえで，各種センサに要求される能力が一回り高いこと，さらに，走行路面にスリップが生じやすい状況が存在するため，工場内のロボットと比較して走行制御がより困難となることなど，建設機械特有の問題も存在する。また，作業を考える場合，工場内のロボットに要求される手先の位置精度と比較し，例えば油圧ショベルに期待される手先の位置精度はそれほど高くない。したがって，建設機械の自動化を進めるためには，屋外という建設現場特有の状況を考慮しつつ，求められるタスクに対して，目標精度を考慮しながら，最適なシステムインテグレーションを行うことが求められる。

　本章では，このような，建設機械の自動化に活用することが期待できるロボット工学の基礎

技術ならびに，建設機械特有の問題を紹介し，今後の建設機械の自動化に向けた基礎的なロボット技術について紹介する。

5.2 メカニズム

メカニズムは，機械装置，機構のことであり，実際に移動や掘削作業を実施する重要な要素である。例えば，「ロボット」という言葉を聞いて多くの人が思い浮かべるものは，ロボットの姿形や外見の部分だと思われるが，このロボットの姿形を作っているのが，主にこのメカニズム，あるいは，それらの組み合わせである。メカニズムは大きく分けて，① 駆動力を発生するアクチュエータ，② 駆動力を伝える動力伝達機構，③ 実際に仕事を行う移動機構や作業機構の三つから成る。ここでは，①〜③のそれぞれについて，その概要を説明する。

5.2.1　アクチュエータ

アクチュエータは，油圧や電気，空気圧などのエネルギーを運動に変換する装置のことで，ロボットや機械の動きを作る要素である。アクチュエータは，スイッチやレバーなどで機械的に，あるいは，駆動回路などを通し電気的に出力を調整することができ，センサと組み合わせることで，動きを制御することが可能となる。

（1）　油圧アクチュエータ

これは，作動油の流体エネルギーを利用したアクチュエータである。直線運動を行う油圧アクチュエータを油圧シリンダと呼び，回転運動を行うものを油圧モータと呼ぶ。また，一定の角度範囲しか回転しない揺動モータも存在する。油圧アクチュエータには，小型でも出力が大きい，振動が少ない，応答速度が速く，無段変速が可能で円滑に動作する，などの特徴がある。その一方で，駆動させるためには，タンク，油圧ポンプ，制御弁，配管などが必要なため構造が複雑となり，精密な制御が難しく油漏れの危険性も存在する。建設機械を含めた大型の機械では，出力が大きいという利点が勝るため，この油圧シリンダや油圧モータがアクチュエータとしてよく用いられている。例えば，油圧ショベルには，その名のとおり油圧アク

図5-1　油圧ショベルのバケット部の油圧シリンダ

チュエータが用いられており，ブーム，アーム，バケットは油圧シリンダ（**図5-1**）で，走行部と旋回部は油圧モータで駆動する。また，近年では，油圧に対してもかなり精密な制御が可能になりつつあり，比較的小型のロボットへの導入も増加している。

（2）電気アクチュエータ

　これは，電気エネルギーを利用したアクチュエータである。代表的なものに，電磁力を利用して回転運動を取り出す電磁モータ(以下，モータと呼ぶ)や，直線運動を取り出すリニアモータならびにソレノイドがある。また，それ以外に，クーロン力を利用した静電モータや超音波振動と摩擦力を利用した超音波モータなど，原理の異なるものも存在する。さらに，回転運動するモータとボールねじ等の動力伝達機構を組み合わせて直線運動を取り出せるようにしたものを電動アクチュエータと呼ぶ場合もある。電気アクチュエータは，エネルギー効率が高く，精密な制御が可能で，ロボットに用いられるアクチュエータの主流である。一方で，油圧などと比べると出力が小さいため，建設機械のような大型の機械に用いられることはまだ少ないが，より精密な動作を実現するため，アクチュエータとしてモータを活用することが期待されており，研究開発が進められている。なお，近年，電動式ショベルと呼ばれるものが実用化されつつあるが，これらは油圧ショベルの油圧ポンプを駆動しているエンジンを電磁モータに置き換えたもので，油圧アクチュエータが電気アクチュエータに置き換わっているわけではないので，注意が必要である。また，エンジンとバッテリの両方を搭載したハイブリッドショベルでは，一般に，旋回部に電磁モータが利用されている。

（3）空気圧アクチュエータ

　これは，空気の流体エネルギーを利用したアクチュエータである。油圧アクチュエータと同様に，直線運動を行う空気圧シリンダ，回転運動を行う空気圧モータが存在する。また，McKibben型人工筋肉は，非伸縮性の網で覆ったゴムチューブに圧縮空気を注入し，膨張させて収縮力を発生させるため，空気圧アクチュエータの一種であるといえる。空気圧アクチュエータには，小型軽量，高速大出力，取り扱いが簡単，空気を用いるため，安全でクリーンといった特徴がある。その一方で，エネルギー効率が低い，精密な位置や速度の制御が困難であるという問題がある。また，油圧と違い，使用した空気は排気されるため，タンクへ返す配管が不要になる分，油圧アクチュエータよりは構造が簡単になるが，空気圧縮機，タンク，制御弁，配管などは必要であり，全体として構造は複雑である。

（4）その他のアクチュエータ

　上述のアクチュエータのほかにも，電気粘性流体や磁気粘性流体などの機能性流体を用いたアクチュエータ[3]や高分子材料を用いたソフトアクチュエータ[4]など，さまざまなアクチュエータの研究開発が進められている。

5.2.2　動力伝達機構

　動力伝達機構は，その名のとおり，アクチュエータの動力をほかの場所に伝達するための装置のことである。単純に動力を伝達する以外にも，変位，速度，力の大きさ，運動方向を変える，動力を分配するなどの機能を有するものが含まれる。アクチュエータの動力は，基本的には単純な回転運動や直線運動のため，より複雑な動きが必要となる目的の仕事を行わせるためには，動力伝達機構を適切に選択し，それを組み合わせることが重要となる。なお，伝達機構全般を扱う学問を機構学と呼ぶ。ここでは，代表的な動力伝達機構について説明する。

（1）　歯車

　歯車は，円筒などの表面に連続して配置された，歯がかみ合うことによって動力を伝達する動力伝達機構である。歯車の利点としては，伝達できる動力や速度の範囲が広い，確実に伝達できる，歯数の組み合わせにより速度伝達比を正確に選べる，歯車の数や種類を変えることで位置関係を自由に変えることができる，伝達効率が高い，などが挙げらる。また，欠点としては，伝達距離が長い場合に歯車が大きくなるか多数の歯車が必要になる，特に高速の場合に振動や騒音が起こりやすい，基本的にはバックラッシ（歯面間の隙間）が必要で，高精度な位置決めなどに用いる場合には注意が必要，などが挙げられる。

　歯車には，さまざまな種類が存在するが，歯車という言葉を聞いて最初にイメージするのは，平歯車であろう。平歯車は，円柱の外周に回転軸に平行な歯が配置されている歯車で，アクチュエータの回転運動をその回転軸と平行な別の回転軸に伝達する。製作が容易で，動力伝達に最もよく使われている。歯車というと，平歯車のように回転運動を伝達するものが多いが，ラック＆ピニオンのように回転運動と直線運動の間で運動を変換するものも存在する。歯車は，かみ合う二つの歯車の軸の位置関係によって，平行軸，交差軸，食い違い軸の三つに大別できる。代表的な歯車を下記に示す。

- 平行軸 … 平歯車，ラック＆ピニオン，内歯車，はすば歯車，やまば歯車
- 交差軸 … すぐばかさ歯車，まがりばかさ歯車
- 食い違い軸 … ウォームギヤ，ねじ歯車

（2）　ベルト，チェーン

　ベルトやチェーンは，歯車と同様に回転運動を伝達する動力伝達機構である。歯車との違いは，二つの回転軸上の部品が直接接触して回転を伝達するのではなく，ベルトの場合は，回転軸上のプーリー間にベルトを掛けることで，チェーンの場合は，回転軸上のスプロケットにチェーンを掛けることで，ベルトやチェーンを介して動力を伝達する点である。回転軸が離れている場合には，歯車では動力の伝達が容易ではないため，ベルトやチェーンが用いられることが多い。

　ベルトは，ベルトとプーリーの間の接触面の摩擦力によって動力を伝達する。ベルトの利点

としては，構造が簡単，潤滑が不要，振動や騒音が少ない，軸間距離に制限がない，回転軸の角度を比較的自由に変えられる，安価，伝動効率が高い，などが挙げられる。一方，欠点としては，ベルトとプーリー間の摩擦が低下すると滑りが発生し，伝達比が一定でなくなる（ただし，過負荷時には安全装置にもなる），遠心力により摩擦力が小さくなるため，速度制限が存在する，使い続けるとベルトの摩耗や伸びが生ずる，などが挙げられる。ベルトの種類には，単純な平ベルトのほかに，断面形状を変えたVベルトや丸ベルト，ベルト表面に歯を設けた歯付きベルトなどがある。ベルトの素材は，古くは布や皮が用いられていたが，現在はゴムに芯材を入れたものが主流である。ベルトを十字にクロスして掛けることによって回転方向を逆にすることや任意の平行でない軸にベルトを掛けることもでき，ベルトの掛け方によってさまざまな向きに伝達を行うことが可能となる点も特徴である。ベルトを使った動力伝達では，ベルトとプーリーの間の滑りが発生しないようにすることが重要であり，ベルトの張りを調整する必要があるため，軸の位置を調整できる機構や，ばね式のテンショナーを取り付けることが重要となる。

　一方で，チェーンは，チェーンとスプロケットの間のかみ合いによって動力を伝達する。チェーンの利点としては，伝達比が確実，大きな力でも伝達できる，ベルトのような張力は不要，などが挙げられ，欠点としては，チェーンが外れることがある，振動や騒音の問題，潤滑が必要，高速伝動が困難，などが挙げられる。

（3）リンク機構

　リンク機構は，**図 5-2** に示すような動力伝達機構であり，複数のリンク（または，節）と呼ばれる部材をジョイント（対偶，または，関節）と呼ばれる可動部によって接続したものである。ジョイントには，回転対偶，滑り対偶，ねじ対偶などがある。また，回転運動するリンクをクランク，揺動運動するリンクをてこ，滑り運動（直線運動）するリンクをスライダと呼ぶ。これらさまざまなリンクとジョイントを組み合わせることで，単に運動を伝達するだけではなく，複雑な動作の生成が可能となるのが特徴である。リンク機構の利点は，比較的簡単な構造で複雑な動作を作ることができる，動作が正確である，などが挙げられる。一方，欠点としては，大型になることがある，空間的なリンク機構は設計が難しいため平面運動に限定されることが多い，などが挙げられる。

　リンク機構には，オープンループ構造とクローズドループ構造がある。オープンループ構造とは，リンクによって閉路が構成されておらず，各ジョイントにアクチュエータを取り付けることで，自由度の高い動作を実現することが可能となる。一般的なロボットアームが，これに相当する。一方，クローズドループ構造は，リンクによって一つの閉路が構成されており，アクチュエータが一つのリンクを動かすと，ほかのリン

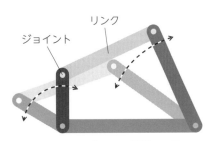

図 5-2　4節リンク機構の一例

クが追従して動作するものである。これは，家電製品や自動車などに用いられており，建設機械の作業機にもよく用いられている。また，構成するリンクの数によって，4節リンク機構，5節リンク機構…などと呼ぶ場合もある。

　産業革命以降，さまざまな形状や機能を有するリンク機構が発明されてきた。近年になって，コンピュータ制御可能なサーボモータやその他の電子技術に置き換えられたケースも数多くあるが，その動作の正確性やコストの面などから，リンク機構は今なお広く用いられている。また，コンピュータの発達により，リンク機構の設計も以前より容易になっている。

　代表的なリンク機構を以下に記す。
- てこクランク機構
- 両クランク機構
- 両てこ機構
- スライダクランク機構
- 平行リンク
- パンタグラフ
- スコットラッセルリンク機構
- チェビシェフリンク機構
- ホーキンスリンク機構
- サラスリンク機構

（4）　その他の伝達機構

　前述の歯車，ベルト，チェーン，リンク機構以外にもさまざまな動力伝達機構が存在する。その他の動力伝達機構を以下に紹介する。
- 摩擦車：接触する二つの円盤の接触面の摩擦によって，動力を伝達する。
- ボールねじ：ねじを回転させるとナットが移動する仕組みと同じ原理で，回転運動を直線運動に変換する。
- カム：特殊な輪郭曲線や溝を持つ，カムと呼ばれる円盤や円筒などを回転させることで，それに接触するフォローと呼ばれる軸に周期的な直線運動を生成する。運動の方向を変えることができる要素であり，また，等速回転運動を間欠運動に変換することも可能である（部分的に歯がない欠歯車を用いた機構やゼネバ機構など）。

5.2.3　移動機構

　移動機構は，その名のとおり，機械自体を移動させるための機械装置のことである。アクチュエータに直接，または，動力伝達機構を介して移動機構を取り付け，アクチュエータを制御することで，機械の移動を可能とする。移動機構は，車輪型，クローラ型，脚型，その他の四つに大別できる。それぞれの機構が得意とする環境が異なるため，移動する環境に応じて，

適切な移動機構を選択する必要がある。ここでは，それぞれについて，特徴や機構例を示す。

（1） 車輪型移動機構

車輪は，軸に取り付けた円形の機械部品であり，これを地面に接触させて回転させることで，移動体を移動させることができる。また，大変扱いやすいため，広く用いられている。車輪の利点としては，仕組みが単純，低コスト，平坦な場所が得意で効率的に移動できる，などが挙げられ，欠点としては，不整地や障害物がある環境，軟弱な地面には不向きであることが挙げられる。

車輪型移動機構は，車輪の数や配置によって，さまざまな構成があり，中でも駆動を1系統にして，ステアリング機構で操舵を行うステアリング型はよく用いられる。自転車や自動車はこれに分類され，ダンプトラックをはじめとする車輪で動く建設機械にも広く使われている。一方，移動ロボットでは，2個の車輪を左右対称に同軸上に取り付け，それぞれ独立に駆動する対向二輪型が，仕組みが単純で製作も容易であり，数学的に運動学も簡単であるため，よく使われている。また，車輪型移動機構の欠点である不整地での走行性能を改善するため，車輪とリンク機構を組み合わせて用いることもあり，特に惑星探査ロボットなどでは，この構成がよく見られる[5]。さらに，車輪自体を加工して表面に突起を設けることで，軟弱地盤上での走行性能や障害物乗り越え性能を向上させたものも存在する。

（2） クローラ型移動機構

クローラは，帯状の部品を車輪で回転させることによって移動する移動機構である。無限軌道，トラックベルト，履帯，キャタピラーなど複数の呼び方がある。なお，キャタピラーという呼び方は，キャタピラー社の商標が一般的に用いられるようになったものである。

接地面積が広く，接地圧が小さいため，クローラの利点としては，軟弱な地面でも沈みにくいこと，障害物乗り越え性能が高いことなどが挙げられる。そのため，油圧ショベルなどの建設機械のみならず，農業機械，戦車など，不整地や軟弱地盤上における走行を求められる移動体には，クローラを採用しているものが多い。欠点としては，重量が重い，アクチュエータの負荷が大きい，振動や騒音が起こりやすい，高速・長距離の走行に向かない，履帯が破断すると走行不能になる，履帯が金属製の場合，地面を傷めるなどが挙げられる。

基本的には，クローラは，履帯，動輪，転輪で構成され，履帯には金属製やゴム製のものが存在する。また，動輪と転輪の配置を工夫し，端部に角度をつけることで乗り越え性能を向上させているものも多い。さらに，サブクローラと呼ばれる，独立して回転可能な関節を持った追加のクローラをロボットの前後左右に取り付けることで，乗り越え性能を向上させるものも存在する。このサブクローラは，小型の不整地移動ロボットなどに採用されることが多い。

（3） 脚型移動機構

脚型移動機構は，移動体を支えるリンク機構で，人や動物のように，バランスを取りながら

脚を動かすことで，移動を可能とする。脚の利点は，不整地走破性能が高い，接地場所を選ぶことができる，などが挙げられ，欠点には，エネルギー効率が悪い，構造が複雑，制御が難しい，高速走行が困難である，などが挙げられる。

　脚型移動機構では，人のように二本足のものが二足歩行ロボットと呼ばれ，それより足の本数が多いものは，多足歩行ロボット（多脚ロボット）と呼ばれる。二足歩行ロボットは，一般に，人間が活動する空間でも移動に支障がないため，ロボットのために環境を整備する必要がないが，不安定な系であるため，多脚ロボットと比較し，制御が困難である。

（4）　その他の移動機構

　車輪やクローラは，一般には，前後方向や左右方向だけなど，移動方向が制限されるが，任意の方向に移動することができるものも存在する。そのような移動機構を全方向移動機構と呼ぶ[6]。複数個の受動回転するローラを円周上に配置したオムニホイールやメカナムホイールなどがその代表で，それ以外にも，クローラの形状や構造を工夫することで全方向移動を可能にしたものや，球をローラで回転させるものも存在する（なお，脚型移動機構も全方向移動が可能であるが，一般には，脚型移動機構は，全方向移動機構と区別する）。

　車輪，クローラ，脚を組み合わせることで，それぞれの欠点を補い，走行性能を上げることもある。組み合わせ方によって構成はさまざまだが，例えば，脚車輪は，脚の先端に車輪を取り付けた構成になっていることが多い。建設機械に使われる例は少ないが，スイスの Menzi Muck 社製の４輪多関節型機械 スパイダー[7] は，**図 5-3** に示すような脚車輪型の油圧ショベルで，通常は移動が困難な複雑地形においても，安定した姿勢を保ちつつ，作業ができる。

　一方で，ヘビを模倣したヘビ型ロボットの研究開発も進められている[8]。ヘビ型ロボットは，胴体が細いため，狭い空間に入り込むことができ，体の形状を自在に変えることができる

図 5 - 3　Menzi Muck M 545 x

ため，凹凸の多い不整地にも適している。

　また，地上に限らなければ，水中や空中用ではプロペラ，宇宙用ではロケットエンジンを移動機構と呼ぶ。

5.2.4　作業機構

　作業機構は，移動機構とは対照的に，目的の仕事や作業を行うための機械装置だが，明示的に作業機構と呼ぶことは少ない。また，対象とする作業によって形態もさまざまであることから，分類も難しい。

　代表的なものは，腕の形をしたロボットで，ロボットアームやマニピュレータと呼ばれるものが挙げられる。5.2.2 動力伝達機構の(3)リンク機構のところで述べたように，ロボットアームは，オープンループ構造のリンク機構で，各関節にアクチュエータを有するため，手先の位置を任意に動かすことが可能である。ロボットアーム先端の，実際に作業を行う部分を，エンドエフェクタと呼ぶ。エンドエフェクタとしては，工場内では，平行に設置した板で構成された平行二指ハンドが広く使われているが，人の手と同様に複数の指で物体を把持するロボットハンド，真空パッドや磁力によって物体を吸着する吸着ハンド，塗装や溶接を行うためにスプレーガンや溶接機を取り付けることもある。

　建設機械について考えると，油圧ショベルの場合は，ブーム，アーム，バケットと呼ばれる作業装置が，作業機構に相当する。作業装置は，ロボットアームと似たリンク機構になっており，各関節の油圧シリンダを動かすことで，先端のバケットによる掘削作業を実現する。ブルドーザの場合は，排土板が作業機構であり，油圧シリンダがリンク機構を介して排土板を動かし，排土作業を実現する。

5.2.5　その他の機械要素

　建設機械の自動化に関連するメカニズムについて俯瞰するため，ここまで，メカニズム，機械装置の主要部分について説明してきた。ロボットの動きは，主にこれらの機械要素から作られているが，実は，これらだけではロボットは完成しない。例えば，各機構を収めるためのシャーシは必要であり，安全性などの観点からカバーが必要となる場合もある。さらに，それらを互いに固定するための，ねじやボルト，ナット，キー，ピンなどの締結部品も必須である。また，回転軸の周りのような，部品同士が接触して動く摺動部では，耐久性や効率に大きな影響を与えるため，適切な軸受けを選定する必要もある。これらを適切に組み合わせることではじめて，目的の作業を行うロボットや建設機械を構築することが可能となる。

5.3 位置推定

　建設機械などの移動体の自動化を行うために基本となる技術が位置推定である。移動体の位置推定には，代表的なものとして，① モータの回転や IMU (Inertial Measurement Unit) などの内界センサから位置取得を行うオドメトリと呼ばれる方法，② 距離センサや画像センサなどの移動体に搭載された (または環境に設置された) 外界センサを用いて環境の特徴を抽出し，その相対位置から自己位置を推定する手法，③ GNSS や位置が既知である地上のランドマークを用いて位置推定を行う手法が挙げられる。屋内では，①と②を融合して位置精度を向上させる場合が多いが，現在，建設機械の自動化や MC (Machine Control)，MG (Machine Guidance) によく利用されているのは，③の GNSS (Global Navigation Satellite System) である。

　ここでは，移動体の位置推定に関して，上述の代表的な三つの技術を紹介する。

5.3.1 オドメトリ

　オドメトリという言葉は聞き慣れないかもしれないが，自動車を運転する人は，走行距離を示すオドメータという言葉は聞いたことがあるかもしれない。このオドメータは，自動車の車輪の回転数を計数し，車輪の円周長さを乗ずることで，自動車の走行距離を推定するものである。移動体の位置推定技術における車輪オドメトリとは，主に，差動型の車輪構成の移動体に対し，左右の車輪回転速度の平均から移動体の並進速度，左右の車輪回転速度の差分から旋回角速度を推定し，これらを積分して移動体の自己位置・姿勢を求めるものである[2]。この手法は，アクチュエータに回転数を計測するセンサを取り付けるだけで，移動体の自己位置・姿勢を取得することが可能であるため，多くの車輪型移動ロボットに搭載されている。また，この手法を視覚センサで実現するため，カメラ (またはステレオカメラ) を用いて現在の移動速度を取得し，これを積分することで自己位置を推測するビジュアルオドメトリ手法[9]という方法も提案されている。これらの手法は，短距離移動における移動体の推定位置について，非常に精度よく求められることが知られている。しかしながら，路面と車輪のスリップなどの外乱が影響し，走行するに伴い，誤差が累積するという欠点を持つ。近年は，IMU の性能が大きく向上したため，移動体の方位の推定は IMU で行う手法が一般的となっているが，いずれにしても，累積誤差の問題は残る。特に，屋外における移動体は，走行距離が長いため，累積誤差の影響は大きい。そのため，現実的には，ほかの位置推定手法と組み合わせて位置推定精度を向上することが一般的である。

5.3.2 スキャンマッチングを用いた自己位置推定

　ロボット工学では，外界センサを用いて環境情報を取得し，自らが持つ環境モデルとマッチ

ングを行うことで，自己位置を精度よく求める研究開発が盛んに行われてきた。近年は，本項で扱うスキャンマッチング手法が主流になりつつある。ここで，利用する外界センサとしては，超音波センサ，カメラ，光走査型距離センサ (LiDAR:Light Detection and Ranging) を用いるものが代表的である。この，外界センサを使用する自己位置推定は，オドメトリなどの内界センサによる自己位置推定と比較し，誤差が累積しないという利点がある。本節では，その中でも，LiDAR を用いたスキャンマッチングと呼ばれる手法について，概要を紹介する。

　スキャンマッチングには，大きく分けて局所的マッチングと大域的マッチングの 二つがある。局所的マッチングは，初期値 (スタート地点) を必要とし，ある程度の位置推定ができている移動体の位置精度を向上させる手法である。局所的マッチングの代表的なものとしては，ICP アルゴリズム[10] (Iterative Closest Point Algorithm) や NDT アルゴリズム[11] (Normal Distribution Transform Algorithm) が挙げられる。ICP アルゴリズムとは，あらかじめ準備した地図データ (点群) と，LiDAR から得た距離データ (点群) の，二つの点群間の最近傍点を対応点とし，対応関係にある点間の距離が最短となる箇所をマッチングポイントとすることで，移動体の自己位置の修正が行われる。この手法は，計算時間が速く，比較的容易に実装できるという特徴を持つ。一方，NDT アルゴリズムは，環境地図 (探索空間) をボクセルごとに区切り，地図データ (点群) の正規分布を計算し，Lidar から得た点群データとマッチングを行う手法で，こちらも広く使われている。

　一方，大域的マッチングは，移動体の初期値や現在の推定位置情報を利用せずにマッチングを行い，自己位置を求める手法である。大域的マッチングとしては，不変特徴量を用いたもの (Signature-based Scan Matching[12] など) が挙げられる。大域的マッチングは，一般に，計算コストが大きくなる。移動体の自己位置推定については，多くの場合，オドメトリなどによって初期値が得られることが期待できるため，局所的マッチングを使用する場合が多い。

5.3.3　GNSS を用いた位置推定

　屋外環境においては，衛星からの信号を受信することが可能であるため，衛星測位による位置推定が広く用いられている。特に近年，建設機械の MC や MG に利用されることが増えたため，本節では，少し紙面を割いて，この技術について紹介する。なお，このような手法について，一般によく知られている GPS (Global Positioning System：全地球測位システム) という名称は，アメリカ合衆国によって運用されるシステムのみを指す。現在は，この GPS のみならず，日本の準天頂衛星 (QZSS)，ロシアの GLONASS，欧州連合の Galileo などの信号を利用することが可能であるため，衛星測位による位置推定については，これらの総称である GNSS (Global Navigation Satellite System / 全球測位衛星システム) という名称を用いる[13]。

　GNSS の構想は 1970 年ごろ，米国海軍と空軍で別々に発足したプロジェクトが 1973 年に一本化され，その後，1989 年に初の実用衛星の打ち上げ成功により，米国にて運用が開始された。当時は，26 衛星の体制で，位置精度が 100 m 程度であった。2000 年 5 月には，精度

劣化操作を停止したため，一般に精度が
10 m 以内まで向上し，さらに現在は，
RTK 測位などの補正情報を利用すること
で，精度がセンチメートルオーダーまで向
上している。

　GNSS の基本は，衛星と受信アンテナ
間の距離計測である。この距離情報を，複
数の衛星に対して取得することで，受信
アンテナの位置を推定する。なお，3 次元
の位置推定であるため，本来は最低 4 機

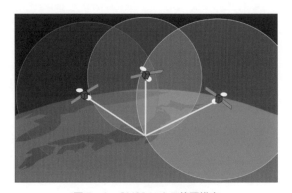

図 5 - 4　GNSS による位置推定

の衛星が必要であるが，これを平面で直感的に説明したものが**図 5-4** である。この図より，
平面内であれば 3 機の衛星からの距離がわかれば平面内の (x,y) 座標が推定できることがわか
る。なお，3 次元空間であれば 4 機の衛星からの距離がわかれば地球上の座標(x,y,z)が求まる。

　衛星は，内部に正確な時計を有しており，受信アンテナが有する時計との時間差を用いて，
衛星と受信アンテナの距離を測定する。この際，GNSS は，PRN（Pseudorandom noise
codes）コードを搬送波に重畳して送信する。これは，いわば衛星の識別信号であり，複数
GNSS 衛星から同じ周波数で発信した信号を混同させないための技術である。ここで得られ
た距離は，疑似距離と呼ばれるが，これは，受信機の時計が，衛星の時計と厳密に同期してい
ないためにそう呼ばれるもので，受信機の時計誤差による距離誤差が，すべての衛星からの距
離に含まれる。そこで，この距離誤差を未知数として追加し，連立方程式を解くことで，受信
機の位置が求まる。一般には，衛星数を増やすことによって，位置精度が向上する。

　GNSS による単独測位の位置誤差は，現状で 5 m 程度である。この誤差は，主に，疑似距
離の誤差から生ずる。その内訳は，衛星が持つ時計の誤差による距離誤差（2 m 以内），衛星
軌道の誤差が原因の距離誤差（1 m 以内），電離層における信号の遅延による距離誤差（5 m 以
内），対流圏の遅延による距離誤差（1 m 以内），受信機の雑音が原因の距離誤差（1 m 以内）と
言われており，衛星や伝搬経路ごとに固有の誤差が生ずる。これを解決する一つの方法とし
て，ディファレンシャル測位がある。GNSS の誤差は，時間的・空間的に相関がある。つまり，
同じ時間，ほぼ同じ場所に 2 台の受信機を置くと，同じ傾向を持つ誤差が発生する。そこで，
場所が正確にわかっている地点に GNSS を設置してこれを基地局とし，基地局から得られる
位置情報と，移動物体に搭載した GNSS（これを移動局と呼ぶ）との差分をとることにより，
移動局の位置誤差をキャンセルすることが可能となる。なお，基地局と移動局との距離につい
ては，10～20 km 程度までなら十分であると言われている。さらに，RTK 測位と呼ばれる搬
送波位相の測定を利用した場合，精度が段違いに向上する。ここでは詳細を割愛するが，衛星
までの距離は，衛星までの波数に波長を掛けたものに，観測される搬送波位相を加えたもの
であり，衛星までの波数（整数アンビギュイティ）を求めることで，距離が計測可能となる。
一波長は，1.5 GHz の周波数では 19 cm であるため，搬送波位相を計測することで，およそ

1波長の100分の1の分解能を得ることができる。これにより，計算上はmm精度で疑似距離が推定できるが，現在のRTK測位の位置精度はcmオーダーである。なお，現在，RTK-GNSSは，二周波を用いるデバイスと，一周波を用いるデバイスが存在し，二周波を用いたデバイスは，整数アンビギュイティ決定性能が高いが，価格が非常に高価である。整数アンビギュイティが解ければ，一周波でも測位精度が変わらないため，近年衛星数が増加したこともあり，格安の一周波RTK-GNSSを利用したRTK測位の実用化の可能性が広がっている。

　一方，GNSSの大きな問題は，マルチパスによる測位精度劣化である。マルチパスには，LOS(Line-Of-Sight)マルチパスとNLOS(Non-Line-Of-Sight)マルチパスがある。前者は，直接波のほかに，反射波や回折波が信号として入力されるもので，コリレータ（相関器）の工夫により低減が可能である。一方，後者は，入力される信号が反射波または回折波のみであるため，測距誤差が大きくなるという問題がある。この問題は，地上付近の物体が影響するもので，都内の高層ビルだけでなく，建設現場付近の樹木や崖なども影響することが知られている。マルチパスによる精度劣化の問題は，NLOSマルチパスを除去することで精度が上げられることが知られているため，入力された信号がNLOSマルチパスであるかどうかを推定できるかどうかが，この問題の解決の鍵となる。最も単純な手法が，仰角をマスクするという手法である。これは，地面からの角度が低い衛星は，NLOSマルチパスである可能性が高いため，その信号を無視するというものである。比較的単純に実装できる手法ではあるが，正しい衛星の信号も排除することにつながり，推定位置精度が下がるという問題もある。

　GNSSの紹介の最後に，みちびき[14]について少し触れる。みちびきは，準天頂軌道の衛星が主体となって構成されている日本の衛星測位システムのことであり，英語表記はQZSS(Quasi-Zenith Satellite System)である。GNSSの安定した位置情報取得のためには，より多くの衛星が見えることが望ましいことから，みちびきの軌道は，日本の上空に滞在する時間が長い準天頂軌道となっている。なお，1台の衛星が準天頂をカバーできる時間は限られているため，現在，みちびきは，衛星4機体制となっている。なお，みちびきは，準天頂に位置して一般のGNSSの信号と同様の信号を送信しているため，それだけでは，単に衛星が1機増えただけの効果しかないが，みちびきから送信されるL6信号（補正情報）を受信することで，センチメータ級の測位（現在，静止体で誤差6～12cm，移動体で誤差12～24cm）が可能となる。ただし，この信号を受信することが可能な受信機を有するGNSS受信機は，現状ではサイズや重量が大きいため，一般に普及するのは，もう少し先になると考えられる。

5.4 　走行制御

5.4.1　移動体の誘導制御の基本

　移動体の誘導制御は，建設機械の自動化を行ううえでも基盤となる機能の一つである。ここ

では，前節で紹介した位置推定が可能であ
ることを前提とした誘導制御について，
特に，直線追従の方法について紹介する[2]。

　図5-5に示すように，ある目標直線に
対して移動体の方位を一致させるために
は，移動体の方位角と目標直線のなす角
θを0とするように，移動体の角加速度
$d^2\theta/dt^2$を制御することが直感的に考えら
れる。

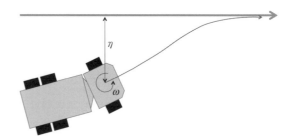

図5-5　移動体の直線追従

$$\frac{d^2\theta}{dt^2} = -k_\theta \theta$$

ただし，k_θは，θに対するフィードバック係数である。しかしながら，上式の解析解からもわ
かるとおり，この系は振動する。そこで，走行を安定させるため，$d\theta/dt$に関する減衰項を導
入した次式で向きの安定化を行う。

$$\frac{d^2\theta}{dt^2} = -k_\omega \frac{d\theta}{dt} - k_\theta \theta$$

ただし，k_ωは，角速度$d\theta/dt$に対するフィードバック係数である。さらに，移動体を目標の
直線に追従させるためには，移動体と直線の距離ηを0にするような制御項目を導入すれば
よいことが知られている。具体的には，上述の三つの項を組み合わせた以下の式に示される制
御式により，直線追従を行うことが可能となる。ただし，k_ηは，距離ηに対するフィードバッ
ク係数である。

$$\frac{d^2\theta}{dt^2} = -k_\omega \frac{d\theta}{dt} - k_\theta \theta - k_\eta \eta$$

この式は，以下の式に書き換えることができる。

$$\frac{d\omega}{dt} = -k_\omega \omega - k_\theta \theta - k_\eta \eta$$

以上より，三つのパラメータを適切に設定し，回転角速度ωの微分値，すなわち回転角速度
を制御することで，直線追従を行うことが可能となる。

　例えば，ダンプトラックの直線追従を考える。目標直線とGNSSやオドメトリから得た
自己位置情報よりηを計算することができる。また，現在の姿勢θならびにこれを微分し
たωを利用することで，ステアリング角への入力$d\omega/dt$が計算でき，これをステアリング
機構への制御入力とする。k_ω，k_θ，k_ηのパラメータを上手く設定し，これを周期実行（例えば
50 msecごと）することで，ステアリング制御による直線追従が可能となる。

5.4.2 ピュアパシュート法

5.4.1 に示した直線追従法は，制御パラメータが三つあり，その設定が比較的困難であることが知られている。そこで，目標点に対して現在方位が接線となるような目標経路を生成し，目標旋回速度を決定する，ピュアパシュート法が提案された[15]。これは，一般の自動運転に関する研究開発にも適用されている場合が多い。ピュアパシュート法では，**図5-6** に示すように，目標となる経路に対して探査円を引き，その交点を目標点とする。ここで，V を車両速度，L を探査円半径，r を目標円弧半径，d を円半径ゲインとすると，

$$L = Vd$$

$$\alpha = \tan^{-1}\left(\frac{y_{ref} - y_{now}}{x_{ref} - x_{now}}\right)$$

$$r = \frac{L}{2\sin\alpha}$$

$$\Omega = \frac{V}{r} = \frac{2V\sin\alpha}{L}$$

となり，Ω（目標旋回速度）が求まる。これをステアリング機構への制御入力とすることで，目標経路への追従走行が可能となる。この手法の利点は，円半径ゲイン d を設定するだけで経路追従を行うことが可能となる点であるが，逆に，直線追従手法と比較し，k_θ の調整による直進性の調整ができない，といった細かい調整ができないという欠点もある。

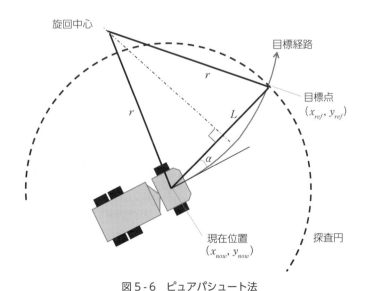

図5-6　ピュアパシュート法

5.4.3 テラメカニクスを用いたフィードフォワード制御

建設機械が，建設現場において土木工事などを行う場合や，災害現場において作業を行う場合，環境が軟弱地盤である可能性がある。そのような環境では，軟弱地盤を考慮した建設機械の制御が有用であり，これを扱う学問にテラメカニクスがある。このテラメカニクスとは，1960 年代に提唱された機械と軟弱地盤との相互作用に関する学問であり，Terramechanics = Terrain + Mechanics である。その内容としては，

- 地形の機械的性質と車両荷重に対するその応答
- さまざまな地盤上のオフロード車両の相互作用力学
- さまざまな地盤における構造物の相互作用の研究

などが挙げられる。この分野は，1960 年代に Becker，Wong らによって整備され，Wong 氏によって執筆された「Theory of Ground Vehicles」[16] は，この分野のバイブル的な教科書である。以下に，主に軟弱地盤を走行する移動機械に関するテラメカニクスについて紹介する。

車輪やクローラと軟弱地盤の関係には，

① 変形可能な地形上の剛体の車輪またはクローラ
② 硬い地形上の硬い車輪またはクローラ
③ 硬い地形上の変形可能な車輪またはクローラ
④ 変形可能な地形上の変形可能な車輪またはクローラ

の四つのせん断組合せが存在する。軟弱地盤を走行するバギーなどで，タイヤの空気を一定量抜いて接地面を増やすという④のモデルも存在するが，一般には，①のモデル，すなわち移動機構側が剛体であり，地盤が変形する場合が多い。そこで本項では，①のモデルのみを扱うこととする。また，車輪とクローラについては，接地面の大きさや，応力やせん断力の方向が異なるが，基本的な考え方は同じであるため，車輪を用いての説明とする。

テラメカニクスのアプローチは，車両−地形の相互作用パッチにおける応力やせん断力のモデリングが基本となる。トータルの相互作用力（牽引力，垂直抗力など）は，相互作用パッチの周囲の応力分布の積分によって計算する。この計算は，半経験的アプローチが用いられ，このモデルには，地形の物理パラメータ（凝集力，摩擦角，土壌密度，沈み込み係数など）が含まれる。

まず，応力分布について，軟弱地盤の上に車輪が乗ったとき，どのような力が分布しているかを考える。一般には，軟弱土壌ほど，地中深くまで応力が届き，また，軟弱地盤ほど，効力の分布形状が細く深くなる。これを半経験的アプローチで数式にしたものが次式となる。ピークの部分に対し，前半と後半で式が分けられているのが特徴である。

$$
\sigma(\theta)=\begin{cases}
r^n\left(\dfrac{k_c}{b}+k_\phi\right)\bigl[\cos\theta-\cos\theta_f\bigr]^n \\
\qquad\qquad (\theta_m\!\leq\!\theta\!<\!\theta_f) \\[4pt]
r^n\left(\dfrac{k_c}{b}+k_\phi\right)\left[\cos\left\{\theta_f-\dfrac{\theta-\theta_r}{\theta_m-\theta_r}(\theta_f-\theta_m)\right\}-\cos\theta_f\right]^n \\
\qquad\qquad (\theta_r\!<\!\theta\!\leq\!\theta_m)
\end{cases}
$$

k_c, k_ϕ：土壌変形定数

n：土壌変形に依存する指数定数

b：車輪幅

r：車輪半径

これを積分した垂直抗力と車両重量が釣り合うことで，車両が沈まず，移動体が軟弱地盤上にキープできることとなる。**図 5-7** に応力分布のモデルと各変数を示す。

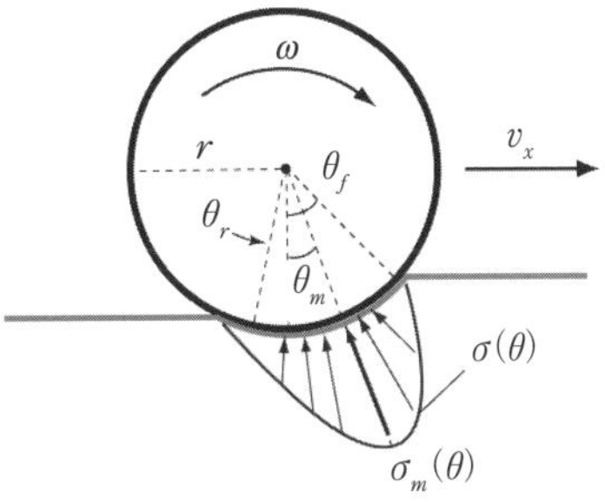

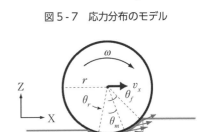

図 5-7　応力分布のモデル

次に，車両の牽引力について考える。軟弱土壌を車輪型機械が推進する力は，**図 5-8** に示すように，車両と軟弱地盤の間に生ずるせん断力より産み出される。このせん断力 $\tau(\theta)$ は，次式で表される。

$$
\tau(\theta)=(c+\sigma(\theta)\tan\phi)\bigl[1-e^{-j(\theta)/k}\bigr]
$$
$$
j=r\bigl[\theta_f-\theta-(1-s)(\sin\theta_f-\sin\theta)\bigr]
$$

図 5-8　せん断力の分布のモデル

このせん断力の式に関して重要な点は，せん断力がスリップ率 s で決まるという点である。スリップ率は，滑りがなかった場合に走行した速度と，実際に走行した速度の割り算となる。したがって，滑りがない場合は $s=1$，前進せずにスリップのみ発生する場合は $s=0$ となる。よって，スリップが大きいほど力が出せる，というモデルである。

この「スリップするほどせん断力が大きい」というモデルが，直感と異なる方もいるかもしれない。例えば，海岸などで車輪がスタックした場合，車輪をスリップさせてしまうと，さらに車輪が軟弱地盤を掘り，これにより車輪が沈み，これが脱出を拒む要因となる。上述のせん断のモデルには，地面を削る部分が入っていない。これが，この直感と異なる部分となる。

車両のけん引力 DP は，せん断力の並進成分の積分で表すことができ，また，せん断力の垂直成分 W は，垂直抗力に寄与する。

$$
DP=rb\int_{\theta_r}^{\theta_f}\bigl\{\tau(\theta)\cos\theta-\sigma(\theta)\sin\theta\bigr\}d\theta
$$
$$
W=rb\int_{\theta_r}^{\theta_f}\bigl\{\tau(\theta)\sin\theta+\sigma(\theta)\cos\theta\bigr\}d\theta
$$

　以上が，軟弱地盤を走行する車輪型の移動機構に働く力である。このモデルを立てることで，移動体が次にどのような挙動を示すかが予想可能となる。例えば，ある軟弱地盤斜面において，移動体が横断走行する際，前述のモデルを用いた分析により，どれだけ下方に滑り落ちるかが予測できる。そこで，あらかじめ斜面上方にステアリングを切り，常に斜面を登るような走行を行うことができれば，実際には滑り落ちることなく，斜面横断を行うことができると考えられる。このあらかじめ「滑り落ちることを考慮した走行制御」の部分が，フィードフォワード制御の部分である。

　上述のテラメカニクスをベースとした車輪の移動機構に関するモデルを用いることで，軟弱地盤上での移動機構の制御性が向上すると考えられる。しかしながら，このモデルには，地盤のパラメータの取得が必須であり，かつ，地盤が均一であるという仮定が必要である。現実問題としては，地盤のパラメータを精度よく取得することは困難であり，さらに，場所に応じて地盤のパラメータは変動するため，実環境では，上述のモデルを単純適用することができない。さらに，機械側の車輪やクローラ表面の形状は，走行性能に大きく影響するが，上述の単純なモデルには，それが入っていない。このため，テラメカニクスをベースとした軟弱地盤上の走行に関する研究は，まだ途上であるというのが現状である。

5.5 プランニング／動作計画

　建設機械の自動化，特にダンプトラックや油圧ショベルの自動走行を行うためには，事前に得られた環境情報と移動体が搭載したセンサ情報を用いて，まず機械が自己位置を推定した後，走行経路や動作を計画し，それにしたがった走行をする必要がある。特に，この中の動作を計画する部分については，「経路計画」や「モーションプランニング（Motion Planning）」と呼ばれ，ロボット工学や人工知能の分野において，30年以上前からさまざまな手法が提案されてきた。本節では，まず前半で，静的な環境に対する古典的な経路計画手法の代表的なものを紹介し，後半で，動的な環境に対する経路計画手法の一例を紹介する。なお，ロボット工学に関する移動体の動作計画に関する詳細については，文献17で述べられている。

5.5.1　モデルベーストナビゲーション (Model Based Navigation)

（1）ベクターマップを用いた経路計画

　対象とする環境が，ベクターマップ（ベクトルの集合で囲まれた領域を障害物として表現したもの）で提示されている場合，障害物は多角形で表現される。これらの各障害物の頂点および，現在位置，目的位置をノードと定義し，障害物と交差しないノード間をアークで結ぶことで完成したグラフを，ビジビリティグラフ (Visibility Graph) と呼ぶ。このグラフを構築することで，経路計画の問題は，グラフ上でのグラフサーチ問題として扱うことができる。

現実世界では，移動体自身が有するボディのサイズがあるため，障害物の縁に沿った経路の走行は不可能である。そこで，この問題を解決するため，コンフィギュレーション空間 (Configuration Space)[18] を利用し，その空間内でビジビリティグラフを考えることが多い。

コンフィギュレーション空間とは，移動体の大きさを考慮するのではなく，障害物を移動体のサイズ分だけ膨張させることで，その空間内で移動体を点

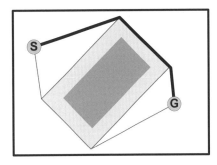

図 5-9　ビジビリティグラフと経路計画

として扱うことができるように工夫した空間である。コンフィギュレーション空間を用いたビジビリティグラフと経路計画結果の例を**図 5-9** に示す。この図では，S がスタート地点，G がゴール地点，斜めに置かれた濃い色の長方形が障害物，薄い色の長方形がコンフィギュレーション空間内の障害物 (C-Obstacle)，太い実線が経路計画結果である。これにより，障害物からある程度離れた，移動体の大きさを考慮した経路が計画されることが見てとれる。このほかにも，ベクターマップを利用した経路計画としては，環境を複数のセルに分割し，セルの中心を走行経路とする「セルデコンポジション (Cell Decomposition)」と呼ばれる手法も存在する。

これらの手法は，処理も簡単なため，直線などで表現された単純な環境においては，非常に効率的に経路計画を実装可能である。しかしながら，曲線や複雑な形状を持つ環境などにおいては，ノードの数の増大に伴って計算時間が爆発的に増大するという問題がある。

（2）ポテンシャル法を用いた経路計画

移動体のナビゲーションに人工ポテンシャルの概念を取り入れたのが，ポテンシャル法 (Potential Method) である。詳細については，文献 17, 19 などで述べられているが，ここでは，その手法の概要を紹介する。

移動体は，ゴール地点から引力，障害物から斥力を受けると仮定すると，移動体の移動方向を，これらの力の合成ベクトルで与えることができる。そこで，移動体は，この合成ベクトルの方向に少し移動し，再びベクトル計算を行う。この作業を繰り返すことで，やがて，ゴール位置に到達することができる。このポテンシャル法には，極小値の存在という問題がある。これは，引力と斥力の合計がゼロとなる条件が成立する位置に移動体が到達すると，移動ベクトルが生成されず，ゴールまでの走行経路が計画できなくなり，移動体が動けなくなるという問題である。この問題の回避方法については，さまざまな手法が提案されているが，根本的な問題回避は困難である。

（3）オキュパンシーマップを用いた経路計画

対象とする環境を細かい区画で区切り，各々の区画に障害物が存在するか否かで環境を表現

する手法が，オキュパンシーマップ（Occupancy Map）である。さまざまな形状の環境に対して，その環境を近似した表現が可能であるため，このマップは環境表現手法として，広く利用されている[20]。

オキュパンシーマップと，ポテンシャルの概念を利用した経路計画手法としては，「ディスタンストランスフォーム（Distance Transform）を用いた経路計画」がある[21]。この手法では，環境を格子に分割し，各格子にゴール位置から数字を割り当てる。このとき，各格子には，周囲の値の中で，最も小さい数字からの距離を当てはめていく。例えば，**図 5-10** におけるゴール位置周りの格子までの距離について，上下左右方向を 1，斜め方向を 2 とする。これをスタート位置まで同様の方法で広げていくことで環境全体の距離場を生成する。この後，スタート位置から，その数字が小さくなる方向に経路をつないでいくことで，経路計画を行うことができる。

これらの，オキュパンシーマップを利用する際に問題となるのは，格子サイズである。格子サイズは，その環境を表現する最小の単位となるため，それ以上の精度を望むことはできない。一方，格子サイズを小さくしすぎると，広域の環境ではデータ量が膨大となり，計算コストも増大する。そのため，この種の手法では，適切な格子サイズを設定することが重要となる。また，一般に広く利用されている格子の形状は四角形であるが，この形についても議論の余地が残されている。

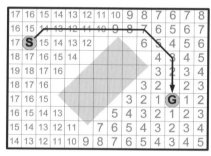

図 5 - 10　ディスタンストランスフォーム

5.5.2　センサベーストナビゲーション（Sensor Based Navigation）

移動体のスタート位置・ゴール位置が既知であり，環境情報が未知の場合，移動体は搭載したセンサからの情報に基づいて，オンラインで走行経路を確定する必要がある。ここでは，一般化ボロノイグラフを用いた経路計画手法[22] [23]を以下に紹介する。

このボロノイグラフとは，2 次元平面では，二つ以上の凸物体の障害物までの距離が等しい点の集合で表現されるグラフである。ボロノイグラフを用いた経路計画手法では，移動体が距離センサを有すると仮定し，二つの障害物までの距離を一定に保ちつつ走行することで，ボロノイグラフを構築する。この動作を示したものを**図 5-11** に示す。

この手法では，走行可能領域がつながっていればボロノイグラフもつながるため，未知環境探索動作が終了すること，またボロノイグラフ上からすべての障害物との境界が観測できることが証明されてい

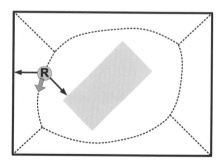

図 5 - 11　ボロノイグラフを用いた未知環境探索

る。しかしながら，このアルゴリズムは，二つ以上の障害物までの距離が得られることを前提としているため，走行経路にオープンスペースが存在し，二つ以上の障害物が検知できない場合には，正しいボロノイグラフを得ることができないという問題が存在する。

5.5.3 移動障害物の存在する環境でのナビゲーション

　これまで紹介したナビゲーション手法は，静的な環境を対象としたものであるが，実際に移動体が動作を行う環境では，移動障害物が存在する場合が多い。例えば，ダンプトラックの走行時には，その周囲において，ほかのダンプトラックや建設機械が動作することは，想像に難しくない。そのため，移動ロボットの分野では，移動障害物を対象とした研究も盛んに行われてきた。このような移動障害物の環境における動作計画の一つのアプローチとして，「障害物の移動ベクトルを考慮したナビゲーション」がある（**図 5-12**）[24]。この手法では，移動障害物の移動経路ならびに移動速度が既知であれば，障害物は時間軸を縦軸とした 3 次元で表現できる。そのため，移動体の動作計画は，3 次元空間内の経路計画問題として考えることができる。ただし，移動体の移動速度やステアリング角度には上限が存在するため，この手法では，これを考慮した計画を行う必要がある。

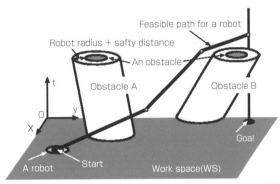

図 5-12　障害物の移動ベクトルを考慮したナビゲーション[24]

5.6 油圧ショベルの順運動学／逆運動学

　油圧ショベルの自動化を考える場合には，ここまで述べた移動体の移動に関するロボット技術に加えて掘削などの作業の自動化が必須となる。そこで，本節では，この油圧ショベルに着目し，ブーム，アーム，バケットで構成される作業機の制御を念頭においた作業機の位置や姿勢の算出に関する手法について紹介する。バケットの刃先の位置・姿勢は，油圧ショベル本体の位置，油圧ショベルの旋回角，ブーム，アーム，バケットの角度を取得することができれば，それぞれの関節間の長さから計算で割り出すことができる。各関節角から手先の位置・姿勢を算出するこの手法を，「順運動学」（または運動学）と呼ぶ。また，この手法とは反対の順序で，目標となる手先の位置や姿勢をまず初めに定義し，そこから各関節角を算出する計算を「逆運動学」と呼ぶ。これらは，ロボット工学の基本となっている。これより運動学／逆運動学について，説明していく。

5.6.1　順運動学

　油圧ショベルは，移動を含めなければ，クローラに対する本体の旋回，ブームの曲げ，アームの曲げ，バケットの曲げの，四つのアクチュエータで構成される。そのため，**図5-13**に示すように，4関節のオープンループ構造のマニピュレータとみなすことが可能である。この図は，根元が旋回軸，残りの三つが曲げの軸となっている。

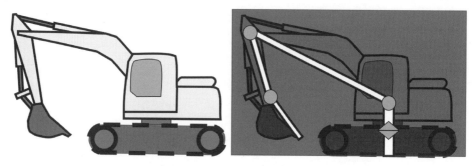

図5-13　油圧ショベルとロボットマニピュレータの関係

　この場合，本体の旋回を考えなければ，平面上を動く3自由度のマニピュレータとなるので，**図5-14**に示すように，一般の3軸平面マニピュレータで表現すると，手先の位置・姿勢は，各関節角の関節角度を用いて，

$$x_e = L_1\cos(\theta_1) + L_2\cos(\theta_1+\theta_2) + L_3\cos(\theta_1+\theta_2+\theta_3)$$
$$y_e = L_1\sin(\theta_1) + L_2\sin(\theta_1+\theta_2) + L_3\sin(\theta_1+\theta_2+\theta_3)$$
$$\varphi_e = \theta_1 + \theta_2 + \theta_3$$

と表すことができる。これは，根元の関節から順に計算する手順で手先が求まるもので，順運動学（または運動学）と呼ばれる。これにより，各関節の曲げ角がわかれば，バケット先の位置・姿勢が算出できることがわかる。

5.6.2　逆運動学

　手先の位置・姿勢を，各関節角の関節角度から計算する方法が順運動学であり，この逆の順序で，目標手先の位置・姿勢から各関節角の関節角度を，計算する方法は，逆運動学と呼ばれる。順運動学は，

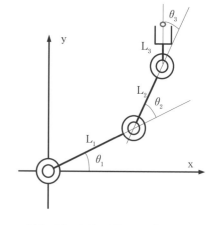

図5-14　3軸の平面マニピュレータ

どのようなシリアルリンクのマニピュレータでも，比較的容易に解けるのに対し，逆運動学の計算は，一般に困難である。例えば，3次元空間の手先の位置姿勢は，位置3自由度，姿勢

3自由度の，合計6自由度あるため，目標となる手先の位置姿勢を実現するマニピュレータの各関節角を計算するためには，6次元非線形連立方程式を解く必要がある。

また，逆運動学では，自由度という考え方が重要となる。3関節の平面マニピュレータに対しては，手先の位置，姿勢は，(x, y, ϕ)の三つの変数で表すことができるため，特定の手先の位置・姿勢を実現するための関節角は計算可能である。しかしながら，油圧ショベルでは，4関節のマニピュレータに対し，バケット先の位置，姿勢は六つの変数を必要とするため，バケット先の位置・姿勢を任意に設定することができない。ただし，油圧ショベルの構造を考えると，実際には本体の旋回角の延長上にバケット先が一致する。これにより，関節角を求めるための手先の位置・姿勢の指定方法として，バケットの位置指定(x, y, z)ならびに，バケットが地面となす角度ϕを用いることができる。

つまり，3軸マニピュレータの逆運動学を解くということは，手先の目標位置・姿勢が指定できた場合に，前述の$\theta_1 \sim \theta_3$を求めることといえる。この$\theta_1 \sim \theta_3$を求めるためには，マニピュレータの幾何学的な特徴を利用する必要がある。まず，

$$x_2 + l_3 \cos\phi_e = x_e$$
$$y_2 + l_3 \sin\phi_e = y_e$$

より，

$$(x_2, y_2) = (x_e - l_3 \cos\phi_e, \ y_e - l_3 \sin\phi_e)$$

が求まる。

次に，

$$x_2 = L_1 \cos\theta_1 + L_2 \cos(\theta_1 + \theta_2)$$
$$y_2 = L_1 \sin\theta_1 + L_2 \sin(\theta_1 + \theta_2)$$

について，両辺を二乗して足し合わせると，

$$x_2^2 + y_2^2 = L_1^2 + L_2^2 + 2L_1 L_2 \big(\cos(\theta_1)\cos(\theta_1 + \theta_2) + \sin(\theta_1)\sin(\theta_1 + \theta_2)\big)$$

となり，加法定理により，

$$L_1^2 + L_2^2 - x_2^2 - y_2^2 = -2L_1 L_2 \big(\cos(\theta_2)\big)$$

となる。ここから，

$$\theta_2 = \pm\left(\pi - \cos^{-1}\left(\frac{L_1^2 + L_2^2 - x_2^2 - y_2^2}{2L_1 L_2}\right)\right)$$

と計算できる。ここで気をつけるべき点は，解が二つ出るということである。これは，目標の手先位置に対して，取りうる姿勢が二つあるということであるが，例えば油圧ショベルのアーム角度には制限があるなどの理由により，現実的には，どちらかの解を選択することになる。

続きの計算は一部省略するが，最終的には，

117

$$\theta_2 = \pm\left(\pi - \cos^{-1}\left(\frac{L_1^2 + L_2^2 - x_2^2 - y_2^2}{2L_1L_2}\right)\right)$$

$$\theta_1 = \tan^{-1}\left(\frac{y_2}{x_2}\right) \mp \cos^{-1}\left(\frac{L_1^2 - L_2^2 + x_2^2 + y_2^2}{2L_1\sqrt{x_2^2 + y_2^2}}\right)$$

$$\theta_3 = \phi_{ed} - \theta_1 - \theta_2$$

という式が得られる。この結果より，平面内における手先の位置・姿勢が指定された際の関節角度を求められること (逆運動学) がわかる。

　油圧ショベルの逆運動学では，これに加えて，本体の旋回角に関する問題を考える必要がある。例えば3次元空間中のバケット先端の位置が指定されると，その姿勢を作ることが可能である場合，旋回角は変数 x, y のアークタンジェントによって一意に定まる。その後，上記の平面内の3関節マニピュレータの逆運動学を解くことで，油圧ショベルの逆運動学を解くことが可能となる。これにより，油圧ショベルにおいても目標とするバケット先の位置・姿勢を決めることで，各関節をどれだけ曲げればよいかが算出できる。

5.7　インタフェース

5.7.1　ヒューマンインタフェースとは？

　一般的にインタフェース (interface) とは，接触面や接合部分を意味する言葉であるが，情報システムや機械開発の分野におけるインタフェースとは，「何かと何かの間の境界面で互いを結びつけるもの，仕組み」を指す言葉である。そこで，インタフェースという語句について，初めに整理することにする。

　情報システムや機械開発の分野におけるインタフェースは三つの種類に区分される。一つ目の区分は，「ハードウェアインタフェース」と呼ばれる機械同士を結びつける仕組みである。具体的には，通信を行う際のコネクタの形状や信号の送受信プロトコルを定めた規格がこれにあたる。代表的なものとしては，USB (Universal Serial Bus) 規格が挙げられる。二つ目の区分は，「ソフトウエアインタフェース」である。これはプログラム間における情報のやり取りの方式を定めた規格であり，代表的なものとして，API (Application Programming Interface) が挙げられる。これは，アプリケーション間でやり取りする情報の種類や構造を規定するものであり，共通の API をもとにしたアプリケーション開発を行うことで，ソフトウエア開発が効率的になるという利点が存在する。三つ目の区分は，「ヒューマンインタフェース」であり，ヒューマンマシンインタフェース，マンマシンインタフェースなどの類似語句もほぼ同じ意味で用いられる。ハードウエアインタフェースは機械同士，ソフトウエアインタフェースはプログラム同士という同じ種類のものを結びつける仕組みであるが，それと異なり，

ヒューマンインタフェースは，人間と機械という異なる両者を結びつける仕組みである。また，人間と機械のやり取りをヒューマンロボットインタラクションと呼び，これらの研究は，ロボット工学では，非常に重要な研究分野となっている。なお，ヒューマンインタフェースにおいて，「利用者としての人間」に着目し，その視点から考える際，これをユーザーインタフェースと呼ぶこともあり，これは，建機の遠隔操作を想定した際に大変重要なものとなる。このヒューマンインタフェースに関連した研究は，着眼点によって，大きく二つに分類することができる。一つ目は，ヒューマンインタフェースにおける機械側に着目した研究であり，主にインタフェースデバイスの開発や改良が中心となる。これには，人間からの情報を受け取る入力デバイス，人間に情報を提示する出力デバイスの双方が含まれる。二つ目は，人間側に着目した研究であり，これは，人間工学や認知心理学といった人間を理解しようとするスタンスの研究分野と密接に関わっている。また，この分類は，二者択一的なものではなく，お互い切り離せない関係であるという点も留意しなくてはならない。

5.7.2 ヒューマンインタフェース研究の事例紹介

　機械側に着目したインタフェース開発において，従来からある入力インタフェースの例には，レバーやマウス，ジョイスティックなどがある。また，出力インタフェースの例には，映像ディスプレイやヘッドホンなどが挙げられる。このような，身近なデバイスの工夫や改良がさらに進められるなか，近年では，触覚インタフェースとしてのデータグローブや，アイトラッカーを用いた視線入力インタフェースなども新たに実用化されつつある。一方，人間側に着目したインタフェース開発の一例としては，エルゴノミクスキーボードなどが一般的に知られているものとして挙げられる。エルゴノミクスは人間工学そのものを指す言葉であり，このエルゴノミクスキーボードとは，その名のとおり人間工学によって得られた知見を基にした，より自然な動作で快適に使いやすい工夫が試みられているキーボードである。そのため，手首への負担の軽減，作業効率の向上などがメリットとして挙げられる。

　また，インタフェースの文脈で人間についての理解を試みる基礎的研究も数多く存在する。例えば，Norman による行為の 7 段階モデルや，Card らによるモデルヒューマンプロセッサをはじめとした人間の認知行動のモデル化，ヒューマンエラーのモデル化，人間の持つメンタルモデルの研究などがこれに関連する。いずれの研究のアプローチも，インタフェース設計を行ううえで，インタフェースに触れる人間のモデル化を試みるものであるが，いかなる場合にも適用できるオールマイティなモデルは存在しない。そのため，設計上生じた問題に合わせた適切なモデルの選択が重要となる。

　先進的なインタフェースとしては，BMI (Brain machine interface) がよく知られており，実用化も進んでいる。例えば，人工内耳や人工網膜のような技術は BMI の一端であり，脳内へ信号を送り込む BMI デバイスは，入力型 BMI と感覚型 BMI に分類される[25]。人工内耳では，マイクで集めた音が電気信号に変換され，その信号が蝸牛に埋め込まれた電極から脳に送

られ，音として認識される。これは，人間の聞こえ方の仕組みを理解し，機械技術と外科手術技術の融合によって生まれた技術であり，現在，世界中で最も普及している人工臓器の一つとなっている。

5.7.3 建設業と関連したヒューマンインタフェース研究の応用事例

前節では，一般的なヒューマンインタフェース研究に関する事例を紹介したが，ここでは，建設業と関連した研究について紹介する。この分野のヒューマンインタフェース研究に関する応用事例として，俯瞰視点映像呈示システムが挙げられる[26]。これは，油圧ショベルなどの建設機械に複数のカメラを設置し，カメラからの映像を直接提示すると同時に，その映像情報から，あたかも建設機械を上空から眺めたような仮想的な俯瞰映像を合成し，これを提示するシステムである。この研究開発のコンセプトを**図 5-15** に示す。この技術は，駐車操作などを補助するための機能として，自動車においても実用化されている手法であるが，従来この研究は，主に緊急災害対応などを目的として開発されており，そのため簡便なキャリブレーション手法により，取り付ける機体の形状や種類を問わない点に特徴がある。ただし，建設機械を遠隔操作する際，遮蔽物により，操縦席側のカメラの死角に作業対象が隠れてしまうという問題が発生し得る。そこで，この問題を解決するため作業装置にもカメラを付加し，そこから得た視覚情報を操縦席側のカメラの視覚情報に合成することで，あたかも遮蔽物を透視したかのような映像を生成し，遠隔操作に耐え得る低遅延・高精度な透視映像提示手法の開発が行われた[27]。これらは，ディスプレイやジョイスティックといった，一般的に遠隔操作でいつも利用される入出力インタフェースデバイスを想定した，遠隔操作者に対する情報呈示方法を工夫する研究であり，インタフェース研究の文脈からみても，重要な研究の一つといえる。

一方で，ヘッドマウントディスプレイを用いて 360 度空間の中でステレオ立体視可能な仮想空間を提示するシステムや，ロボットアームや建設機械のアタッチメントに働く反力などの

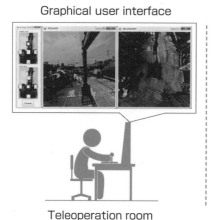

Graphical user interface

Virtural camera

Fish-eye cameras

Teleoperation room

Remote controlled backhoe

図 5 - 15　俯瞰視点映像提示システム[27]

触覚情報をオペレータにフィードバックするシステム，油圧ショベル操作時の座席振動フィードバックを伝達するシステムなど，従来からのインタフェース機器にとらわれない新しい研究も多数存在する。このように，アプローチの仕方はさまざまであるが，いずれの研究も，操作対象である機械と操作する人間の特徴を理解しており，操作性の向上による操作難易度や心身への負担の低下，操作効率の向上をターゲットとする研究といえる。これらの研究の発展は，i-Construction の目指す「生産性が高く魅力的な新しい建設現場の創出」につながる重要な要素となっている。

5.8 システムインテグレーション

5.8.1 システムインテグレーションとロボットの開発

本章でこれまでに説明した内容，また，次の第6章で説明する内容は，ロボットを構成する各要素，機能であり，そのもの単体では役割を果たすことができない。それらを一つのシステムやロボットとして機能させるためには，システムインテグレーション，つまり，各要素や機能を連携，統合し，一体化させることが必要である。そのため，「ロボットの開発は，システムインテグレーションそのものである」という人もいる。

システムインテグレーションは，ロボット開発の根幹であるにもかかわらず，経験的に行われる場合が多い。要素としての技術や結果としてのロボットやシステムは研究されるが，システムインテグレーション自体は研究されることが少なく，体系化が進んでいない。

システムインテグレーションを行うためには，各要素に関する知識と要素間の連携に関する知識が必要である。例えばロボットの場合，ここまでにまとめられているように，機械工学，電気電子工学，情報工学などのさまざまな分野の知識や技術を組み合わせることが要求され，目的に応じて最適な要素を選択し，組み合わせることで，ロボットが完成する。また，ロボットの運用に伴い，要素の交換や新規の要素の追加が必要となる場合も存在するため，場合によっては，拡張性や互換性を設計段階から考慮する必要がある。これも，ロボットのシステムインテグレーションを行ううえで重要な点である。

5.8.2 オープンプラットフォーム

システムインテグレーションを容易にする仕組みとして，オープンプラットフォームがある。これは，ハードウェアやソフトウェアにおいて，仕様やソースコードなどを公開しているプラットフォームのことである。公開されている仕様やソースコードは，世界中の開発者や研究者，メーカーなどが自由に利用することができるとともに，新規プラットフォームの開発や既存のプラットフォームの改良に参加できるため，開発の加速と製品やサービスの普及を促す

ことができる。一方，ユーザは，特定の開発者やメーカーにこだわらず，提供される対応機器やアプリケーションを，オープンプラットフォームを介して組み合わせることで，システムを容易に構築することができる。近年，ロボットの開発では，オープンプラットフォームが広く用いられるようになってきている。

（1） Robot Operating System（ROS）

Robot Operating System（ROS）[28] は，Open Robotics が管理するロボット用のオープンプラットフォームの一つで，学術研究から産業まで世界的に利用が進んでいる。名前に Operating System を含んでいるが，これは，いわゆるコンピュータの OS ではなく，Ubuntu など主に Linux の OS 上で動く，ロボットのためのミドルウェアである。具体的には，ROS は，ロボットに必要な計算を並列的に複数のプロセスで行う分散処理システムとして設計されており，分散処理に必要な通信基盤，開発に必要なツール群，移動やマニピュレーションなどのロボットに必要な機能を実装するためのライブラリ群を提供している。また，世界中の研究者や開発者がソースコードとドキュメントを提供し，再利用できるエコシステムがあることも強みである。

（2） 建設機械の自動化のためのオープンプラットフォーム

これまでの建設機械の自動化に関する研究開発は，建設機械メーカーや測量機器メーカーが独自に進めてきた。そのため，ソフトウェアの再利用や，異なるメーカーの建設機械やセンサの利用も不可能であった。そこで，建設機械の研究開発に関する分野においても，ロボットと同様，オープンプラットフォームが必要であるという認識が浸透しはじめており，CATERPILLAR 社による機体全体が電子制御化された「デジタルプラットフォーム」，株式会社 小松製作所による「スマートコンストラクション」，オウル大学ラウノ教授らによる「Smart Booms project」など，いくつかの取り組みが始まっている。しかし，異なる建設機械メーカーの機種を統合して制御することができるプラットフォームは，現状では存在しない。大規模な建設現場においては，単一のメーカーの建設機械のみで工事が行われることは少ない。そのため現場全体の自動化を進めるための，異なる建設機械メーカーの異なる機種を横断的に扱うことが可能になるオープンプラットフォームが必要となる。

そこで，これを受けて，前述の ROS をベースとした建設機械向けの標準プラットフォームが提案された[29]。ロボットの場合と同様に，このプラットフォームでは，基

図5-16 標準プラットフォームを実装した土木研究所の油圧ショベル

礎的なルールやデータの定義や構造を共通化し，対応する建設機械やセンサをこのプラットフォームを介して接続することで，メーカーを問わず，システムを構築することができるようになる。各メーカーが共通して利用し，開発する標準プラットフォームは，協調領域となり，そこに接続する建設機械やセンサ，アプリケーションについては，各社が性能や機能を高めて提供することになるため，ここが競争領域となる。この ROS をベースとしたオープンプラットフォームのプロトタイプは，土木研究所が所有する遠隔操縦油圧ショベル（**図 5-16**）に実装されており，このプラットフォームを用いた掘削動作の自動化も実現している。

5.9 建設機械の無人化，ICT 化，自動化の事例

本節では，5.8 節までに紹介した技術を用いて，建設機械を無人化，ICT 化，自動化した応用事例を一部紹介する。

5.9.1 無人化施工

無人化施工は，ラジコン装置などを取り付けた建設機械をオペレータが遠隔で操作して行う施工技術のことである[30]。台風や豪雨，地震による土砂災害，火山噴火に伴う火砕流や土石流などの火山災害の災害現場では，迅速な対応が必要とされる一方で，二次災害のリスクが高く，有人での施工が難しい。そこで，安全な場所からの遠隔操縦でオペレータの安全が確保できる無人化施工が利用されている。災害現場で用いられている複数台の建設機械による無人化施工は，雲仙普賢岳の噴火の復旧作業のため，1994 年ごろから本格的に導入された。無人化施工システムは，**図 5-17** に示すように，遠隔操作装置や映像装置を備え，安全な場所に配置

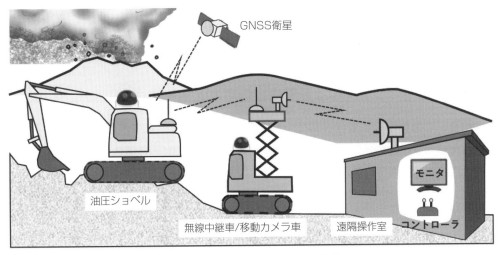

図 5-17　無人化施工システムの構成

された遠隔操作室，車載カメラと通信機器を搭載した遠隔操作式建設機械，通信システム，固定カメラ，移動カメラ車，無線中継車などから構成される。無人化施工は，危険な現場でも安全に施工を行うことができる一方で，建設機械のオペレータ以外にカメラオペレータが必要になる。また，カメラの配置や通信により得られる映像には限りがある，搭乗操作に比べて作業効率が低下する，などの問題もあり，これらを解決するためにさまざまな技術について，現在，研究開発が行われている。

5.9.2　マシンガイダンス (MG)，マシンコントロール (MC)

　マシンガイダンス (MG) は，トータルステーションや GNSS などの計測技術を用いて，建設機械の位置や施工情報と 3 次元設計データの差分を算出し，施工情報とともにこれらの情報をオペレータに提示するシステムである。これらの情報は，建設機械の操縦席に取り付けられたモニターに表示され，オペレータがこれを確認しながら建設機械を操作することにより，正確な施工を進めることが可能となる。なお，マシンガイダンスは，あくまでガイダンスのみであり，操作自体は完全にオペレータのほうで行う必要がある。

　これに対して，マシンコントロール (MC) は，マシンガイダンスに，設計データに従った建設機械の自動制御技術を加えたシステムである。オペレータが，設計面より深く掘削しようとすると，その操作を抑制する制御がかかり，それ以上掘削することができなくなるため，掘り過ぎを防ぎながら正確に施工を行うことができる。マシンコントロールも，オペレータが操作を行う必要があるが，刃先位置に応じて制御がかかるため，半自動であるといえる。

　油圧ショベルの場合，MG や MC は，トータルステーションや GNSS により位置情報を取得するとともに，ブーム，アーム，バケットの各関節角度を計測し，コントローラ，モニターを組み合わせることで実現する。また，これらの装置は，既存の建設機械に後付けすることも可能である。MG や MC を用いることにより，施工するための目印として設置する丁張りを減らすことができるため，施工効率が飛躍的に上昇するとともに，経験の浅いオペレータでも精度の高い施工が可能となる。

5.9.3　レトロフィットによる建設機械の無人化

　無人化施工に必要となる遠隔操縦可能な専用の建設機械は，調達が難しい場合がある。そこで，通常の搭乗操作の建設機械に後付けすること（これをレトロフィットと呼ぶ）で遠隔操縦を可能にする装置が開発されている。代表的な例としては，株式会社 フジタのロボ QS（図5-18）[31] [32]，コーワテック株式会社のアクティブロボ SAM[33]，株式会社 大林組のサロゲート[34]，株式会社 カナモトの KanaRobo[35] などがある。また，これを利用することで，通常の搭乗操作の建設機械を自動化する研究も進められている。

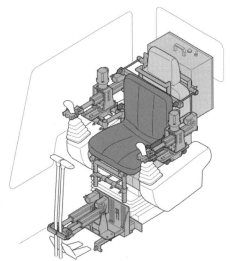

図 5 - 18　油圧ショベルに搭載されたロボ QS (株式会社フジタ提供)
(国土交通省九州地方整備局九州技術事務所，株式会社フジタ，株式会社 IHI 三者の共同開発)

5.9.4　建設機械の自動化

　近年，建設機械を自動化した研究開発やその導入事例も増えつつある。鹿島建設株式会社は，タブレット端末から作業指示を送ることによって，自動化された建設機械が自動運転を行い，最小限の人員で多数の建設機械を同時に稼働させることができる A^{4}CSEL (クワッドアクセル) と呼ばれる建設生産システムを開発した[36]。また，大成建設株式会社では，T-iROBO シリーズとして各種建設機械の自動化を進めている[37]。さらに，株式会社大林組では，コンクリートダムの建設工事に，コンクリートの自動搬送システムを導入している[38][39]。ただし，これらの自動化事例は，現状では，現場における試行運用の意味合いが強く，自動化による生産性の向上を実現するためには，今後のさらなる研究開発が必要であると考えられる，

《参考・引用文献》
［1］ J.J. クレイグ『ロボティクス—機構・力学・制御』共立出版，1991
［2］ 米田 完・坪内孝司・大隅 久『はじめてのロボット創造設計 (改訂第 2 版)』講談社サイエンティフィック，2013
［3］ 奥崎秀典・長田義仁「ソフトアクチュエータの分類と研究動向」精密工学会誌，Vol.80, No. 8, pp.709-712, 2014
［4］ 竹村研治郎「機能性流体を利用したアクチュエータ」日本ロボット学会誌，Vol.33, No.9, pp.673-676, 2015
［5］ 吉田和哉「月惑星探査用移動ロボットの開発」精密工学会誌，Vol.77, No.1, pp.12-15, 2011
［6］ 多田隈建二郎「全方向移動・駆動機構」日本ロボット学会誌，Vol.29, No.6, pp.516-519, 2011
［7］ menzi muck "Menzi Mmuck walking excavators"
https://www.menzimuck.com/en/product-groups/menzi-muck-walking-excavators/

（最終アクセス 2021/2/10）

［8］ 広瀬茂男「ヘビ型ロボットの移動機構」日本ロボット学会誌 , Vol.28, No.2, pp.151-155, 2010

［9］ 横塚将志・尾崎功一「明度変化にロバストな床面特徴点追跡に基づくビジュアル・オドメトリ法の開発（機械力学 , 計測 , 自動制御）」日本機械学会論文集 C 編 , Vol.76, No.762, pp.371-379, 2010

［10］ Paul J. Besl and Neil D. McKay: "A Method for Registration of 3-D Shapes", IEEE Trans. on PAMI, Vol.14, No.2, pp.239-256, 1992

［11］ Takeuchi Eijiro and Takashi Tsubouchi: "A 3-D scan matching using improved 3-D normal distributions transform for mobile robotic mapping." 2006 IEEE/RSJ International Conference on Intelligent Robots and Systems. IEEE, 2006

［12］ Tomono M.: "A Scan Matching Method using Euclidean Invariant Signature for Global Localization and Map Building", Proc. of ICRA'04, 2004

［13］ 国土交通省 国土地理院「GNSS とは」
https://www.gsi.go.jp/denshi/denshi_aboutGNSS.html（最終アクセス 2021/2/10）

［14］ 内閣府「みちびき（順天潮位衛星システム）」
https://qzss.go.jp/overview/services/sv01_what.html（最終アクセス 2021/2/10）

［15］ Samuel, Moveh, Mohamed Hussein and Maziah Binti Mohamad: "A review of some pure-pursuit based path tracking techniques for control of autonomous vehicle." International Journal of Computer Applications, 135.1, pp.35-38, 2016

［16］ Wong, Jo Yung: "Theory of ground vehicles", John Wiley & Sons, 2008

［17］ 太田 順・倉林大輔・新井民夫『知能ロボット入門―動作計画問題の解法』コロナ社 , pp.11-87, 2001

［18］ Herman, Martin: "Fast, three-dimensional, collision-free motion planning." Proceedings. 1986 IEEE International Conference on Robotics and Automation. Vol.3, IEEE, 1986

［19］ O.Khatib: "Real-Time Obstacle Avoidance for Manipulators and Mobile Robots", International Journal of Robotics Research, Vol.5, No.1, pp.90-98, 1986

［20］ A. Elfes: "Sonar-based real-world mapping and navidation" IEEE Journal of Robotics and Automation, RA-3, pp.249-265, 1987

［21］ Alexander Zelinksy: "A Mobile Robot Exploration Algorithm", IEEE Transactions of Robotics and Automation, Vol.8, No.6, pp.707-717, 1992

［22］ V.J.Lumelsky, A. Stepanov: "Path planning strategies for a point mobile automaton moving amidst unknown obstacles of arbitrary shape", Algorithmica, 2, pp.403-430, 1987

［23］ H.Choset, K.Nagatani: "Topological simultaneous localization and mapping (SLAM): toward exact localization without explicit localization", IEEE Transactions on Robotics and Automation, Vol.17, No.2, 2001

［24］ 坪内孝司・浪花智英・有本 卓「平面を移動する複数の移動障害物とその速度を考慮した移動ロボットのプランニングとナビゲーション」日本ロボット学会誌 , Vol.12, No.7, pp.111-119, 1994

［25］ 吉峰俊樹・平田雅之・柳沢琢史・貴島晴彦「ブレイン・マシン・インタフェース（BMI）が切り開く新しいニューロテクノロジー」脳神経外科ジャーナル , Vol.25, No.12, 2016

［26］ 佐藤貴亮・藤井浩光・Alessandro Moro・杉本和也・野末 晃・三村洋一・小幡克実・山下 淳・淺間 一「無人化施工用俯瞰映像提示システムの開発」日本機械学会論文集 , Vol.81, No.823, pp.1-13, 2015

［27］ 長野 樹・藤井浩光・橘高達也・淵田正隆・深瀬勇太郎・青木 滋・鳴海智博・山下 淳・淺間 一「遠隔操縦建機のための屋外環境における遮蔽物透視システム」精密工学会誌 , Vol.84, No.12, pp.1085-1091, 2018

［28］ ROS.org　http://wiki.ros.org/（最終アクセス 2021/2/10）

［29］ 山内元貴・橋本 毅・山田 充・新田恭士・油田信一「建設機械施工における標準プラットフォームの提案―建設機械制御へのロボット用ミドルウエアの導入」日本機械学会 ロボティクス・メカトロニクス講演会 , 2P1-A08, 2020

[30] 茂木正晴・山元 弘「無人化施工による災害への迅速・安全な復旧活動」計測と制御，Vol.55, No.6, pp.495-500, 2016

[31] 茶山和博・河崎英己・吉永勝彦・藤岡 晃「遠隔操縦ロボット（ロボ Q）」日本ロボット学会誌，Vol.21, No.1, pp.59-60, 2003

[32] 三村洋一「遠隔操縦ロボット（ロボ Q Ⅱ）」日本ロボット学会誌，Vol.34, No.9, pp.601-602, 2016

[33] 小松智広「空気圧ゴム人工筋肉を用いた油圧ショベル用無線遠隔操縦ロボットの開発」日本ロボット学会誌，Vol.38, No.7, pp.592-595, 2020

[34] 株式会社大林組「サロゲート」
https://www.obayashi.co.jp/solution_technology/detail/tech_d101.html
（最終アクセス 2021/2/10）

[35] アスラテック株式会社「カナロボ」
https://www.asratec.co.jp/portfolio_page/doka-robo-3/（最終アクセス 2021/2/10）

[36] 鹿島建設株式会社「A4CSEL」
https://www.kajima.co.jp/tech/c_ict/automation/index.html#body_01
（最終アクセス 2021/2/10）

[37] 大成建設株式会社「T-iROBO シリーズ」
https://www.taisei.co.jp/ss/tech_center/topics/robot/（最終アクセス 2021/2/10）

[38] 株式会社大林組「ダムコンクリート自動運搬システム」
https://www.obayashi.co.jp/solution_technology/detail/tech_d183.html
（最終アクセス 2021/2/10）

[39] 株式会社大林組「タワークレーンを用いたコンクリート自動運搬システム」
https://www.obayashi.co.jp/solution_technology/detail/tech_d226.html
（最終アクセス 2021/2/10）

6 建設機械のための
センシング技術

6.1 建設機械とセンシング

　建設機械にオペレータが搭乗して操縦する際，オペレータはさまざまな情報を自らの五感を使って収集し，収集した情報を使って建設機械の操縦を行う。例えば，油圧ショベルで土を掘削する作業を考えてみよう。まず油圧ショベルを掘削したい場所まで移動させるため，オペレータは掘削場所までの距離や方向を目で確認するであろう。また，目的の場所に到着したことを確認したら，油圧ショベルの移動を停止するであろう。加えて，周囲にほかの建設機械などの障害物がある場合には，障害物の位置を確認し，衝突しないように避けながら移動を行うであろう。オペレータは掘削場所に到着したことも目で確認するであろう。その後，バケットを使って土を掘る際には，ブーム・アーム・バケットの角度がどのようになっているかを確認しつつ，土の形状やバケットと土の位置関係も同時に確認しながら掘削作業を行うであろう。つまり，オペレータは，油圧ショベル自身，作業対象，周囲の状況がどのようになっているかを常に確認しながら作業を行う。

　建設機械を自動化するためには，オペレータが行っていたこれらの確認作業を建設機械自身が自動的に行う行為，つまりセンシングを行う必要がある。ここで，センシングとはセンサを用いて計測する行為のことであり，センサとは周囲の状況または自分自身の状態を計測する装置のことである。センサを使ったセンシングでは，光量・力・位置・速度などの物理量やそれらの変化量を計測し，計測した検出量を別の信号や情報に変換する。油圧ショベルで土を掘削する作業の例では，カメラに代表される視覚センサを用いることで，掘削場所を確認することができる。また，ロータリエンコーダやポテンショメータなどの角度センサを用いてクローラ（車輪）の回転数を計測すること，IMU（Inertial Measurement Unit）のような加速度・角速度センサを用いることで油圧ショベルの移動量を推定すること，GNSS（Global Navigation Satellite System）を用いることで油圧ショベルの絶対位置を計測することができる。掘削時には，距離センサを用いることで，バケットと土の距離を計測することができる。

　上記のとおり，建設機械の自動化にはさまざまなセンシングが必要となる。ここで，計測対

象の違いから，建設機械自身の状態のセンシングと，建設機械の周囲の状況のセンシングに分類することができる。前者のセンシングを行うセンサを内界センサ，後者のセンシングを行うセンサを外界センサと呼ぶ（**表6-1**）。

表6-1　内界センサと外界センサ

	センシングの対象	センサの例
内界センサ	建設機械の内部の状況・状態（例：ブームの角度，クローラの回転数）	ポテンショメータ, IMU
外界センサ	建設機械を取り巻く周囲の状況・状態（例：作業対象の位置）	カメラ, トータルステーション

内界センサは，ブーム・アーム・バケット（関節）の角度やクローラ（車輪）の回転数など建設機械の内部の状況や状態をセンシングするためのセンサである。位置・角度センサ（位置や角度を計測するセンサ），速度・角速度センサ，加速度・角加速度センサなどは内界センサである。作業の内容に関わらず，内界センサは建設機械の制御に必要不可欠なセンサである。一方，外界センサは，建設機械を取り巻く周囲の状況や状態をセンシングするためのセンサである。視覚センサ（画像を取得するセンサ），距離センサ（距離を計測するセンサ），触覚センサ（触ったことを計測するセンサ）などは外界センサである。外界センサは，建設機械の周囲の状況，あるいは建設機械自身と周囲の関係をセンシングするために必要不可欠であり，作業の内容に応じて建設機械に取り付けられる。

主なセンサの例を**表6-2**に示す。それぞれのセンサの詳細については文献 [1]～[6] などに

表6-2　センシングとセンサの例

センサの種類	センシングする物理量	センシング情報	センサの例
位置・角度センサ 速度・角速度センサ 加速度・角加速度センサ	変位 力 光 電圧	位置・角度 速度・角速 度加速度・角加速度	リミットスイッチ フォトインタラプタ ロータリエンコーダ ポテンショメータ タコジェネレータ ジャイロスコープ IMU
距離センサ	光（電磁波） 音波	存在の有無 距離（3次元位置）	レーザ距離計 超音波センサ
視覚センサ	光（電磁波）	存在の有無 形状 色（テクスチャ） 距離（3次元位置）	カメラ RGB-D カメラ
絶対位置センサ	衛星からの距離	絶対位置	GNSS
触覚センサ	圧力・力 振動	接触の有無	タッチセンサ
力覚センサ	圧力・力 振動	力・圧力	圧力センサ
温度センサ	温度	温度	測温抵抗体 熱電対

詳しい説明があるため参照されたい。

　本章では，特に建設機械の自動化やインフラ構造物の点検にとって重要なセンサを中心として，センシングの原理について述べる。なお，GNSS については 5 章で詳細に解説した。また，センシング結果を解釈するための AI 技術についてもインフラ点検の応用事例とあわせて紹介する。

6.2 距離センサ

　距離センサとは，センサ本体と計測対象までの相対距離を計測可能なセンサである。一般的な距離センサは，センサ自身から音や光，電磁波を能動的に出力し，計測対象からの反射挙動を計測することによって距離を計測する。また，複数の点を計測することで 3 次元形状を計測できる。ここでは，光学式距離センサ，超音波式距離センサの説明をする。なお，最近の研究動向として，単眼カメラを用いた深層学習による深度推定に関する研究も行われている[7]。

6.2.1　光学式距離センサ

　光学式距離センサは，投光素子からレーザや LED で光を照射し，投光レンズを介し，計測対象に光を照射する。計測対象からの反射光を，受光レンズを介し，受光素子で計測することで計測対象までの距離を計測する。一般的な光学式距離センサの計測方式は，三角測距方式，位相差測距方式，パルス測距方式に大別される。

　三角測距方式は，**図 6-1** に示すように，投光素子から計測対象に光を照射，反射光を受光素子で計測する。このとき，距離センサと計測対象の距離に応じて受光素子の受光位置が変化する。具体的には，対象物までの距離 d_t は，投光素子と受光素子間の距離 d_s，受光レンズの焦点距離 d_f，受光位置 p から次式で表される。したがって，三角測距方式は，この受光位置の変化が生じる現象を利用した測距方式である。

$$d_t = \frac{p}{d_s d_f}$$

　位相差測距方式は，変調した光を計測対象に照射，計測対象からの反射光を計測することで，距離を計測する。このとき，入射光と反射光はセンサと計測対象の距離に応じた位相差が生じる。具体的には，対象物までの距離 d_t は，変調波長 λ，変調波の数 n，入射光と反射光の位相差 θ から次式で表すことができる。したがって，位相差測距方式は，この位相差が生じる現象を利用した測距方式である。

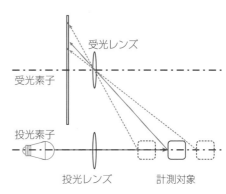

図 6 - 1　三角測距方式による距離計測

$$d_t = \frac{\lambda}{2}\left(n + \frac{\theta}{2\pi}\right)$$

　パルス測距方式は，投光素子から計測対象に対して光を照射，反射光を受光素子で計測する。このとき，距離センサと計測対象の距離に応じて照射から受光までの時間が異なる。具体的には，対象物までの距離 d_t は，光の速度 c と照射から受光までの時間 t を用いて次式で表される。したがって，パルス測距方式は，この時間差が生じる現象を利用した測距方式である。また，パルス測距方式は，ToF(Time of Flight)方式とも呼ばれる。

$$d_t = \frac{ct}{2}$$

6.2.2　超音波式距離センサ

　超音波式距離センサは，振動子から音を発生させ，計測対象からの反射音を振動子で計測することで距離を計測する。計測方式は，パルス測距方式がある。超音波式距離センサの特徴として，超音波を使用するため，超音波を吸音する物体の計測には適さないものの，計測対象の色に依存しない点，ガラスやアクリルなどの透明な素材も計測が可能な点がある。また，超音波は，光と比較して水中での減衰率が小さいため，水中での距離計測，水中ロボットの位置推定に使用されている。

6.2.3　RGB-D センサ

　RGB-D センサとは，カラー (RGB) カメラと深度 (Depth) を計測するための距離センサが一体となったセンサであり，RGB-D カメラとも呼ばれる。通常のカラーカメラで撮影したカラー画像の各画素は，赤色 (Red)，緑色 (Green)，青色 (Blue) の光の強度の情報を有する。それに加えて RGB-D センサでは，画素に写っている対象までの距離(奥行き)，つまり深度の情報も同時に取得できることから，カラー (RGB) と深度 (Depth) の頭文字をとって RGB-D と呼ばれている。RGB-D センサの深度の計測方法は大別すると 2 つの方式があり，人間の目には見えない波長の光をセンサから対象に照射して三角測量の原理で計測する方法と，前述の ToF 方式に大別できる。ゲーム機の周辺機器として発売された Microsoft 社の Kinect，iPhone に搭載されている Apple 社の True Depth カメラ，Intel 社の RealSense など，RGB-D センサは我々の身の周りにも普及しつつある。

6.3　IMU

　IMU(Inertial Measurement Unit)とは，加速度センサ，角速度センサを 1 つに統合したセンサユニットである。IMU は，センサユニットを基準とする座標系において x, y, z 軸の

3 軸の加速度，角速度を計測するため，計 6 個のセンサが搭載されている。複数のセンサによって構成されているものの，MEMS（Micro Electro Mechanical Systems）技術よって小型化されている。IMU は加速度，角速度の計測から，並進速度，位置，姿勢，振動，角度を解析的に計測することができる。そのため，ロボット，自動車，船舶，ドローンなどの自律運転には欠かすことはできない。IMU は，移動体の移動開始地点からの位置姿勢推定に使用されることもあり，この位置姿勢推定法を慣性航法と呼ぶ。このとき，IMU は，ノイズが乗りやすくドリフトするため，GNSS や方位センサ，傾斜センサによって，計測データを補正することもある。ここでは，IMU を構成する加速度センサと角速度センサについて説明する。

6.3.1　加速度センサ

　加速度センサとは，センサの基準軸の加速度を計測するセンサである。加速度センサの種類は，機械式，光学式，半導体式に大別される。その中でも，代表的な計測方式として，半導体式の静電容量方式，圧電方式（ピエゾ抵抗方式）などがある。

　静電容量方式は，加速度に応じて，動作する可動電極部と固定電極部で構成される。このとき，静電容量は，2 つの電極部の距離と形状によって決まるため，静電容量方式は，加速度に応じて，可動電極部が変位することで，その変位量から加速度を計測することができる。圧電方式は，加速度に応じて，動作する錘と，錘の動作で変位する圧電素子によって構成される。このとき，圧電素子から出力される電荷は，変位の大きさによって決まるため，圧電方式は，その変位量から加速度を計測することができる。また，圧電方式は，ピエゾ抵抗方式とも呼ばれる。

6.3.2　角速度センサ

　角速度センサとは，センサの基準軸の角速度を計測するセンサである。一般的な角速度センサの種類は，機械式，光学式，半導体式に大別される。角速度センサはジャイロセンサとも呼ばれる。

　機械式角速度センサは，物理的に回転する円板のジャイロ効果によって，角速度を計測する。ジャイロ効果とは，回転する物体がその状態を維持し続けようとする現象のことである。そのため，回転する円板を傾けた場合，もとに戻ろうとする慣性力が生じる。機械式角速度センサは，この慣性力を計測することで角速度を計測する。

　半導体式角速度センサは，コリオリ力によって，角速度を計測する。コリオリ力とは，回転座標系を質量 m の物体が速度 v で移動するとき，移動方向に対して垂直な方向に受ける見かけ上の力 f である。このとき，角速度 ω は次式で表すことができる。

$$\omega = \frac{f}{2mv}$$

したがって，コリオリ力を計測することで角速度を計測することができる。コリオリ力の計測は，センサ内の質量 m の素子を速度 ν で振動させることで計測する。素子が振動した状態でセンサの基準軸周りに角速度 ω が生じた場合，コリオリ力 f が生じる。角速度センサは，このコリオリ力を静電容量方式や圧電方式で計測することで角速度を計測する。

　光学式角速度センサは，サニャック効果を用いて角速度を計測する。サニャック効果とは，回転によって光の位相差が生じる現象である。具体的には，リング状の光路において，ある1点の投光素子から光を照射したとき，その光は，時計回りと反時計回りに進む。このとき，リングおよび投光素子が静止状態であれば，投光素子から照射された光は，時計回りと反時計回りのどちら回りでも，同時刻に投光素子に到達する。一方で，リングおよび投光素子が，時計回りまたは反時計回りに回転した場合，投光素子から照射された光は，時計回りと反時計回りで異なる時刻に投光素子に到達する。光学式角速度センサは，この回転によって，光の位相差が生じるサニャック効果を利用している。

6.4　カメラ

　カメラは安価で扱いやすいことから，カメラを用いたセンシングは古くから行われてきた。近年では UAV（Unmanned Aircraft Vehicle，ドローンとも呼ばれる）が安価に手に入るようになったことから，カメラを搭載した UAV を用いて建設現場全体の写真を撮影し写真測量を行うことで，施工管理にも使われつつある。

　本節では，カメラの基本的なメカニズムと，それを活用した物体検出，ステレオビジョンおよび写真測量について述べる。

6.4.1　カメラの基本的なメカニズム

　カメラは，撮像素子上にレンズを通じて光を集光することで，光の情報を写真として記録する。一般的には光の情報とは波長の違いと強さを指し，赤・青・緑の3種類の色の強弱として記録する。物体はそれぞれ固有の色を持つため，人間は色の違いを物体の種類の判別に使うことができる。

　物体の色とはどこから来るのだろうか？　光源がある環境において，カメラは物体上で反射した光を物体の色として記録する。ここで屋外の建設現場では，太陽が主な光源であろう。太陽が放つ光には様々な波長の光が含まれている。物体上で光が反射する際に，それぞれの材質により固有の周波数の光を吸収する。その結果，反射光は光源とは異なった波長を持ち，それを物体の色としてカメラが記録する。ここで注意が必要であることは，物体は物体固有の波長の光のみを反射するのではなく，物体固有の波長の光のみを吸収する点である。したがって，光源の波長が異なると反射光の波長（＝写真と記録される物体の色）も同様に異なる。例えば，

正午に撮った写真と比べて夕方に撮った写真が赤みがかって記録されるのはこのためである。この光源の波長の違いは，カメラに記録される赤・青・緑のバランスを調整することで補正することができる。この補正するカメラの機能をホワイトバランスと呼ぶ。ホワイトバランスの1つの手法として，対象となる光源下において赤・青・緑の3色を同じ割合で吸収する灰色の板（グレーカードと呼ばれる）を撮影し，赤・青・緑の3色が同じ強度として写真に記録されるように信号強度を補正する方法がある。自動ホワイトバランス機能がついているカメラもあるが，より正確に物体の色を記録する必要がある場合はグレーカードの使用をおすすめする。

　次項では，画像処理を用いた物体検出について述べる。

6.4.2　物体検出

　カメラは人間の部位でいうと目の機能を有しており，人間が視野から建設機械を検出できるように，画像処理を用いることで撮影した画像内から建設機械等の特定の物体を検出することができる。建設機械の自動化において画像処理を用いた物体検出は非常に重要で，例えば作業中に人間が建設機械に近づいてきた場合は，建設機械に搭載されたカメラ画像から人間を検出することで，作業を停止する等により危険を回避することができる。本項では画像処理を用いた物体検出について述べる。

　画像から物体検出をする際には，まず画像中のさまざまな領域から特徴量を抽出する。その後，学習データ（＝画像と正解のペア）に基づいて，どのような特徴量が含まれている画像の領域がどの物体に対応するかを学習させる。ここで，特徴量とは，物体を検出する際に有効となるもので，例えば建設機械が写っている領域から抽出した特徴量と人間が写っている領域から抽出した特徴量は，全く異なったものであることが望ましい。一般的には，特徴量として画像領域の輝度値の変化する大きさおよび方向などが用いられる。効果的な特徴量は画像処理の分野で古くから研究されており，例えば，scale-invariant feature transform（SIFT）[8]，speeded up robust features（SURF）[9]，histogram of oriented gradients（HOG）[10] などが挙げられる。これらの特徴量は人間が設計したものである。近年では深層学習の発展が著しく，複数層の畳み込みニューラルネットワーク（CNN）を用いることで学習データに基づいて効果的な画像特徴量を学習することができ，人間が設計した特徴量より優れた性能を発揮することが報告されている[11]。物体検出をはじめとした画像処理の各手法については[12]を参照されたい。

　次項より，カメラを用いた測量技術として，ステレオビジョンおよび写真測量について順に述べる。

6.4.3　ステレオビジョン

　人間は，右目と左目で見た画像の違いに基づいて，距離情報を得る。したがって，片目をつ

ぶったまま両手の人差し指を合わせようとすると距離がわからず非常に難しい。ステレオビジョンとは，人間が両目で見た画像から距離がわかる原理（三角測量とも呼ばれる）と同様の原理に基づいて，2台のカメラ画像の違いから距離情報を得る技術である。

まずは，ステレオビジョンを理解するために必要となるカメラの投影モデルの1つである透視投影モデルについて説明する。(x, z) にある物体が，撮像面 I の (u, f) へと透視投影される様子を**図6-2**に示す。ここで，c および f は，それぞれレンズの光学中心および焦点距離である。ここで z は光学中心からのカメラの奥行き方向への距離を示す。**図6-2**では，焦点距離が大きい場合と，小さい場合についても示しており，焦点距離を大きくすることで遠くの物体も高い解像度で撮像できる一方で視野角は狭くなる。また，レンズの焦点距離を小さくすることで広角まで撮像することができる一方で空間的な解像度は下がる。したがって，撮影する対象や目的に応じてレンズの焦点距離を決めることが重要である。

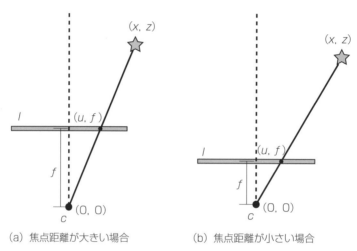

(a) 焦点距離が大きい場合　　　　(b) 焦点距離が小さい場合

図 6 - 2　透視投影モデル

ここで，投影点の位置を決定する u は次式で表すことができる。

$$u = \frac{fx}{z}$$

この式からわかるように，焦点距離を既知とすると (x, z) にある物体が撮像面のどこに投影されるかを計算で求めることができる。しかし，投影点の位置 (u, f) から (x, z) を求めることは困難である。つまり，1枚のカメラ画像中の点 (u, f) の情報から (x, z) の方向のみ求めることができるが，距離情報を求めることは困難である。そこで2台のカメラを用いるステレオビジョンの出番である。

ステレオビジョンにおいて，2台以上のカメラ群を用いてシステムが構成される。3台以上のカメラが用いられることもあるが，ここでは簡単のため2台のカメラで構成されるシステムに限定して説明する。また，人間の目と同様に，2台のカメラが同じ方向を向いた平行ステレオを例として説明する。

　ステレオビジョンの原理を**図6-3**に示す。**図6-3**では，(x, z)にある物体を左カメラおよび右カメラで，それぞれ$(u_L, f)^L$および$(u_R, f)^R$に撮像した様子を示している。括弧の右上の文字LおよびRは，それぞれ左カメラ座標系および右カメラ座標系であることを明示的に示している。また，bは左カメラと右カメラの間の距離（ベースライン）である。距離zは左カメラと右カメラの投影点の対応関係から次式で求めることができる。

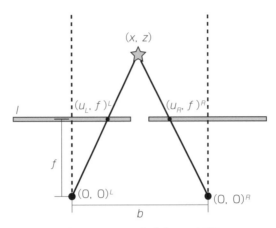

図6-3　ステレオビジョンの原理

$$z = \frac{bf}{u_L - u_R}$$

　ここで，$u_L - u_R$は視差とも呼ばれ，視差が大きいほどカメラと物体の距離が近いことを示す。

　以上で，基本的なステレオビジョンの原理を示した。さらに，ステレオビジョンにおいて重要な点を2点簡単に述べよう。1点目として，どのように左カメラと右カメラの対応点$(u_L, f)^L$および$(u_R, f)^R$を見つけるかという点である。基本的には，対応点は左カメラと右カメラで似た輝度値を持っているという前提に基づき探索を行う。エピポーラ幾何（詳細については文献[13]を参照のこと）を用いることで，$(u_L, f)^L$の対応点は，右カメラの画像中のある直線上に限られる。したがって，$(u_L, f)^L$と似た点を右カメラの画像から直線探索で探すことで対応点を求めることができる。

　2点目として，焦点距離fとベースラインbをどのように推定するかである。多くの場合は，市松模様のパターンが描かれた板を多方向からカメラシステムで撮影することで推定を行う。これはカメラキャリブレーションと呼ばれ，OpenCV[14]やMATLAB[15]などを用いて比較的簡単に実施することができる。カメラキャリブレーションによって，左右のカメラが同じ方向を向いていない場合も平行カメラで撮影したかのように補正することができ，これを平行化と呼ぶ。また，レンズの歪み（直線の物体が曲線として撮像されるなど）も補正可能である。

　次節より，写真測量について述べる。

6.4.4　写真測量

　写真測量とは1台のカメラを動かして，複数地点で画像を撮影することで測量を行う技術で，Structure from Motion（SfM）とも呼ばれる。前項においては，1台のカメラの画像から距離情報の推定は困難であることを述べたが，1台のカメラを動かして複数枚の画像を撮影した場合は距離情報の推定が可能となる。写真測量の原理を簡単に実感するために次の方法がある。片目で環境を見たまま，左右に頭を動かして欲しい。こうすることで，目から物体への距離に応じて視界に映る物体の動き方が変わるであろう。この物体の動き方の違いを利用することで距離情報を推定する技術が写真測量といえる。

　写真測量の概念図を**図 6-4**に示す。ここでは，1台のカメラで3地点から撮影した様子を示しており，環境中には3つの物体が存在する。物体の投影位置の対応点関係に基づき，物体の位置 $(x_1,\ z_1)$，$(x_2,\ z_2)$ および $(x_3,\ z_3)$，カメラの位置姿勢変化 R_1，t_1 および R_2，t_2 を最適化手法を用いて求める。写真測量の手法によっては，焦点距離やレンズの歪み補正に必要なパラメータも同時に推定することもできる。

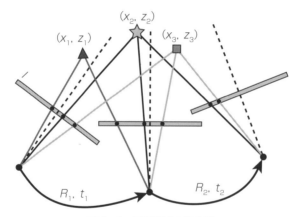

図 6 - 4　写真測量の概念図

　写真測量では，カメラの位置姿勢変化が未知の状態で画像間の対応点を見つける必要がある。そのため，ステレオビジョンとは異なりエピポーラ幾何を用いた直線上の探索をすることが困難である。したがって，一般的には SIFT[8] などの特徴量抽出手法を用いることで画像間の対応点を探索する。

　写真測量で一番気をつける必要があることは，スケールの曖昧性である。スケールの曖昧性の説明図を**図 6-5**に示す。**図 6-5**では，物体が近い場合と遠い場合の2パターンを示しており，どちらの場合でも画像における物体の投影点は同一である。ここで，ベースラインのスケールが既知であればステレオビジョンを用いて物体のカメラからの距離の推定が可能であるが，写真測量ではベースラインのスケールが未知であるため，推定結果にはスケールに曖昧性が生じる。このスケールの曖昧性を解決するためには，どこか1か所でもスケールがわかれ

ばよい。建設現場における UAV を用いた写真測量では，UAV に搭載された GNSS を用いて撮影位置情報がわかるため，その情報を用いてスケールの曖昧性を解決することができる。

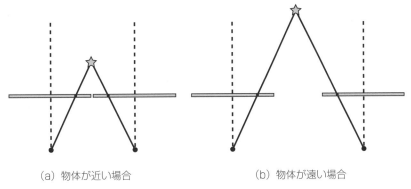

（a）物体が近い場合 　　　　　（b）物体が遠い場合

図 6-5　スケールの曖昧性

6.5 AI 技術

　周囲に作業者やほかの建設機械が存在する環境において建設機械の行動を自動的に決めるためには，前述のとおり，建設機械に搭載されたカメラ画像から周囲に存在する物体を検出することが重要である。このとき，画像中に存在する物体が人間であるのか，建設機械であるのか，あるいは人間でも建設機械でもない別の物体であるのかなどを自動的に判断する機能が必要となる。つまり，画像中の物体が，事前に準備した人間や建設機械などのカテゴリのうち，どのカテゴリに属するのかを識別する必要がある。このように，センシングによって得られた情報を自動的に解析するために，人工知能（AI）の技術が用

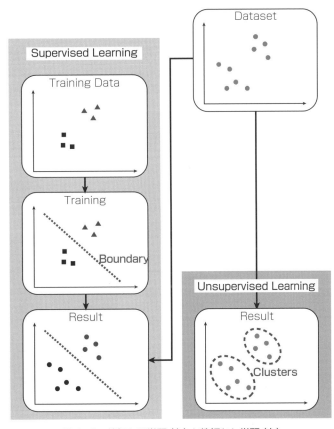

図 6-6　教師あり学習（左）と教師なし学習（右）

いられる。3章で述べたように，特に近年のディープラーニングの理論的な発展と性能の向上により，AI技術の一種である機械学習はさまざまな場面で活用されている。

　機械学習は，教師あり学習と教師なし学習に分類できる（**図6-6**）。教師あり学習は，学習データ，すなわちラベルが事前に用意された教師データを使用して，未知のデータである学習データに含まれる情報を予測する手法である。教師あり学習には，カテゴリを予測する分類や，実数値を予想する回帰などがある。ディープラーニングも教師あり学習の一種である。一方，教師なし学習は，教師データを使用しない学習手法である。教師なし学習には，学習データのグループ分けを行うクラスタリングや学習データの次元を削減する次元削減などがある。例えば，クラスタリング[16]，主成分分析[17]，遺伝的アルゴリズム[18]などの教師なし学習方法を，教師あり学習手法の前処理ステップや特徴ベクトル作成に使用するなど，教師あり学習と教師なし学習の両方を組み合わせて使用する場合もある。

6.6　応用事例

　日本では高度経済成長期の1970～1980年代にトンネルや橋梁などの数多くのインフラ構造物が集中的に建設され，50年以上経過した現在において老朽化が問題となっている。2012年12月に中央自動車道笹子トンネルで発生した天井板の崩落事故の原因の1つは老朽化であり，この事故をきっかけの1つとしてインフラ構造物の定期点検が義務化された。

　橋梁点検の例を**図6-7**に示す。作業者が直接アクセスできないインフラ構造物の点検では，大掛かりな装置が必要となることがあり，コスト面が大きな課題となる。加えて，建設業就業者の高齢化が進行しており，熟練作業者の高齢化と減少が大きな社会問題になっている[19]。このような状況において，ICRT（ICT：Information and Communication Technology ＋ IRT：Information and Robot Technology）を活用することで効率的なインフラ維持管理を目指す内閣府総合科学技術・イノベーション会議の戦略的イノベーション創造プログラム（SIP）インフラ維持管理・更新・マネジメント技術[20]が実施されるなど，センシング技術やAI技術の活用範囲はますます広がりつつある。次項以降において，インフラ構造物の点検のためのセンシング技術やAI技術，SIPインフラ維持点検・管理・マネジメント技術で研究開発が行われた応用研究事例[21][22]を紹介する。

図6-7　熟練作業者によるインフラ構造物の点検

6.6.1 画像情報を用いた AI 技術による構造物点検

構造物の表面に見られる亀裂などの欠陥は，構造物の劣化の初期の兆候の 1 つである。このような異常の点検作業は，従来は人間による目視検査によって行われてきた。また近年では，カメラで取得した画像を解析することにより，自動欠陥検出を行う手法が提案されている。工場内で製品の自動点検を行う外観検査システムと，インフラ自動点検の大きな差異の 1 つは，点検対象や点検環境が多様であることである。工場内で大量生産される製品と異なり，全く同じインフラ設備は存在しない。また，インフラ構造物の多くは屋外にあるため，そのインフラが存在する場所によって点検環境も異なり，季節・天候・時刻によっても点検条件が大きく変化する。よって，画像情報を用いた自動構造物点検において高い欠陥検出性能を達成するためには，照明条件が変動する場合や検査対象の構造物の表面に汚れが存在する場合などに対応することが重要である。

典型的な機械学習手法を用いた方法として，サポートベクターマシン[23][24]を用いた手法や，人工ニューラルネットワーク[25]を用いた手法が提案されている。これらの手法では，画像処理を用いて画像から特徴抽出を行った後で，機械学習により亀裂の検出や亀裂の種類の分類が行われている。

一方，ディープラーニングを用いた手法では，多層ニューラルネットワークを用いて画像特徴を自動的に学習することができる。したがって設計者による画像処理手法の設計や特徴量の設計が不要となる。これらの手法の多くは畳み込みニューラルネットワークを使用することにより，画像特徴の学習を実現している。ディープラーニングを用いた手法は，画像中の亀裂の存在の有無を判定する手法[26]，亀裂が存在する場所を四角い領域として検出する方法[27]，1 ピクセル単位で亀裂か否かを判定する手法[28]などが提案されている。

6.6.2 ドローンを用いた橋梁点検

人間の作業員が大きな橋梁に近接して点検するためには，**図 6-7** に示したとおり，大掛かりな装置が必要となる。この課題に対して，カメラを搭載したドローンを用い，ドローンが橋梁に近接して画像を撮影することにより点検作業を行うことが有効である[21]。近距離から狭い視野の範囲の映像を撮影することで，小さな亀裂などの欠陥の検出性能を向上させることが可能となる。例えば，6.6.1 項で述べた画像情報を用いた AI 技術による点検手法により，コンクリートで覆われた橋梁の表面における亀裂などの欠陥を発見することが可能である。しかし，ドローンを用いて橋梁点検を行う際には，衛星からの GNSS 信号が橋梁自体によって遮られ，ドローンの制御および点検位置の確認に必要不可欠なドローンの位置姿勢がわからなくなることがある。

この問題に対して，ドローンに搭載したカメラで取得した映像を解析することにより，ドローンの位置姿勢を推定する方法が提案されている（**図 6-8**）。ドローンの移動軌跡を推定する

ために，6.4.4 項で述べた SfM を用いた手法を利用することができる。しかし，点検用の映像を撮影するために橋梁に接近して飛行する場合，映像中には橋梁の一部分しか写らないため，SfM による位置姿勢推定の精度やロバスト性が著しく低下することがある。そこで，全天球カメラと呼ばれる 360 度の広い視野を有するカメラをドローンに追加で搭載し，全天球カメラ映像を用いた SfM により，安定して高精度に位置姿勢を推定する手法が提案されている[29]。具体的には，A-KAZE[30] を用いることで，歪みが大きい全天球映像においても安定して特徴点を抽出・追跡可能な手法が用いられており，その結果を用いることでドローンの位置姿勢推

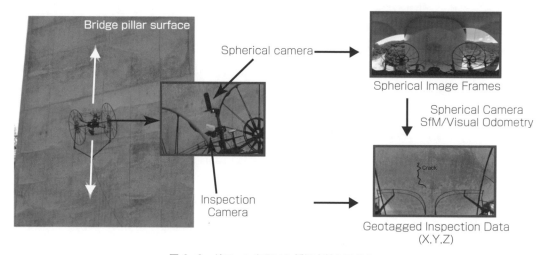

図 6-8　ドローンを用いた橋梁点検システム

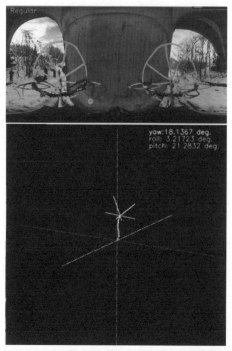

図 6-9　全天球映像を用いたドローンの位置姿勢推定

定を実現している（**図6-9**）。**図6-9**の上が全天球映像であり，下がドローンの移動軌跡の推定結果である。

6.6.3　画像以外の情報を用いたAI技術による構造物点検

　画像以外の情報を用いた構造物点検手法も数多く提案されている[31]。画像情報を用いた点検手法では，主に構造物の表面の異常を検出することのみが可能である。それに対して，超音波など画像以外の情報を用いた点検方法では構造物内部の異常を検出することが可能である。

　6.5.1項で述べた画像情報を用いた点検手法と同様，画像以外の情報を用いた構造物点検においてもサポートベクターマシン[32][33]や人工ニューラルネットワーク[34][35]などの機械学習を用いた手法が提案されている。これらの手法では，ノイズ除去や高速フーリエ変換などの信号処理技術を用いて前処理や特徴抽出が行われていることが多い。

　画像以外の情報に対してディープラーニングを用いた手法も提案されているが[36]，画像情報を用いた手法と比較すると研究事例は少ない。ディープラーニングでは大規模な教師データが必要となるが，大量の教師データの収集が比較的容易な画像と異なり，画像以外では教師データを収集することが現時点では容易でないことが原因の1つであろう。

6.6.4　打音検査を用いたトンネル点検

　トンネルをはじめとした橋梁や高速道路などさまざまな社会インフラにコンクリート構造物は用いられているが，経年劣化や損傷などによる補修の必要性を調査するため，定期的な点検が必要である。コンクリート構造物の点検では，ハンマーでコンクリートを叩いた際の音を人間の点検員が聞くことでコンクリートの状況（変状）を調べる打音検査と呼ばれる方法が用いられている（**図6-10**）。

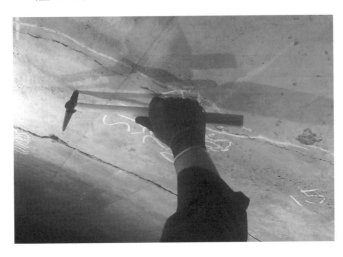

図6-10　打音検査の例

　打音検査ではコンクリート内部の変状を調査することができるが，欠陥検出を行うためには点検員の熟練が必要である。打音検査においても，熟練作業者の高齢化と減少に加えて，作業自体の危険性も大きな課題である。そこで，画像処理技術・音響信号処理技術・AI技術を組み合わせて用いることで，自動的に打音検査を行うシステムが提案されている[22]。このシステムでは，トンネル内を走行可能な土台部分に，トンネル形状に沿って変形可能なアーチ構造の柔軟なフレームが設置されている（**図6-11**）。打音検査のためのハンマー，打音を録音するためのマイク，画像を取得するためのRGB-Dセンサが搭載された点検ユニットがフレーム上を移動することにより点検作業を行う。人間が打音検査を行う場合と近いコンクリートの叩き

図6-11　トンネル点検システム

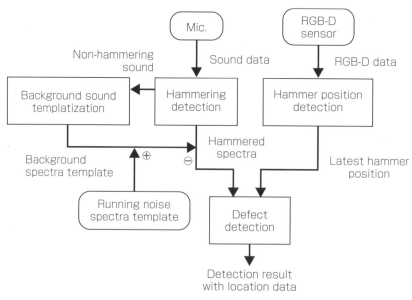

図6-12　教師あり学習による変状判定

方となるよう，点検ユニットは機構面と制御面の工夫がなされている[37]。音響信号から変状を判定する手法については，教師あり学習を用いた手法[38][39]と教師なし学習を用いた手法[40][41]がそれぞれ提案されている。教師あり学習を用いた手法では，車の走行や風の音などの雑音に対応するため，騒音成分を除去して変状判定を行う工夫がなされている（図6-12）。教師なし学習を用いた方法では，正常な音と異常な音をクラスタリングを用いて分類する手法が提案されている（図6-13）。

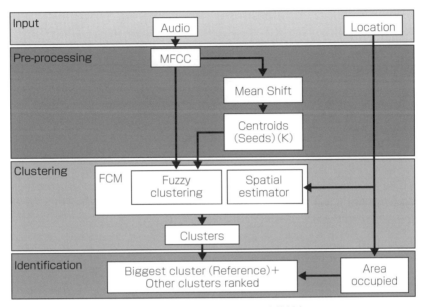

図6-13　教師なし学習による変状判定

《参考・引用文献》
[1] 日本ロボット学会編『新版ロボット工学ハンドブック』コロナ社，2005
[2] 小栁栄次『ロボットセンサ入門』オーム社，2004
[3] 大山恭弘・橋本洋志『ロボットセンシング—センサと画像・信号処理』オーム社，2007
[4] 河原崎徳之・下条 誠・西原主計・吉留忠史『センシング入門』オーム社，2007
[5] 出口光一郎・本多 敏『センシングのための情報と数理』コロナ社，2008
[6] 日本機械学会『ロボティクス』丸善出版，2011
[7] Chaoqiang Zhao, QiYu Sun, Chongzhen Zhang, Yang Tang and Feng Qian: "Monocular Depth Estimation Based on Deep Learning: An Overview," Science China Technological Sciences, Vol.63, pp.1612-1627, 2020
[8] David G. Lowe, "Distinctive Image Features from Scale-Invariant Keypoints," International Journal of Computer Vision, Vol.60, No.2, pp.91-110, 2004
[9] Herbert Bay, Tinne Tuytelaars and Luc Van Gool, "SURF: Speeded Up Robust Features," Proceedings of the 9th European Conference on Computer Vision, pp. 404-417, 2006
[10] Navneet Dalal and Bill Triggs, "Histograms of Oriented Gradients for Human Detection," Proceedings of the 2005 IEEE Computer Society Conference on Computer Vision and Pattern

Recognition, pp.886-893, 2005

[11] Alex Krizhevsky, Ilya Sutskever and Geoffrey E. Hinton, "ImageNet Classification with Deep Convolutional Neural Networks,"Advances in Neural Information Processing Systems, pp.1097-1105, 2012

[12] ディジタル画像処理編集委員会『ディジタル画像処理 (改訂第 2 版)』画像情報教育振興協会 (CG-ARTS), 2020

[13] Richard Hartley and Andrew Zisserman, Multiple View Geometry in Computer Vision, Cambridge University Press, 2004

[14] OpenCV(Open Source Computer Vision Library)
https://opencv.org/(最終アクセス 2021/3/31)

[15] MATLAB
https://www.mathworks.com/products/matlab.html(最終アクセス 2021/3/31)

[16] Nuri Firat Ince, Chu-Shu Kao, Mostafa Kaveh, Ahmed H. Tewfik and Joseph F. Labuz, "A Machine Learning Approach for Locating Acoustic Emission," EURASIP Journal on Advances in Signal Processing, Vol.2010, pp.1-14, 2010

[17] Chuxiong Miao, Yu Wang, Yonghong Zhang, Jian Qu, Ming J . Zuo and Xiaodong Wang, "A SVM Classifier Combined with PCA for Ultrasonic Crack Size Classification," Proceedings of the 2008 Canadian Conference on Electrical and Computer Engineering, pp.1627-1630, 2008

[18] Paulo R. Aguiar, Cesar. H. R. Martins, Marcelo Marchi and Eduardo C. Bianchi, "Digital Signal Processing for Acoustic Emission," Data Acquisition Applications, 2012

[19] 一般社団法人 日本建設業連合会『建設業ハンドブック 2020』p.18, 2020

[20] SIP インフラ維持管理・更新・マネジメント技術編集委員会『SIP インフラ維持管理・更新・マネジメント技術 インフラ技術総覧』2019

[21] Yoshiro Hada, Manabu Nakao, Moyuru Yamada, Hiroki Kobayashi, Naoyuki Sawasaki, Katsunori Yokoji, Satoshi Kanai, Fumiki Tanaka, Hiroaki Date, Sarthak Pathak, Atsushi Yamashita, Manabu Yamada, and Toshiya Sugawara, "Development of a Bridge Inspection Support System Using Two-Wheeled Multicopter and 3D Modeling Technology," Journal of Disaster Research, Vol.12, No.3, pp.593-606, 2017

[22] Satoru Nakamura, Atsushi Yamashita, Fumihiro Inoue, Daisuke Inoue, Yusuke Takahashi, Nobukazu Kamimura and Takao Ueno, "Inspection Test of a Tunnel with the Inspection Vehicle for Tunnel Lining Concrete", Journal of Robotics and Mechatronics, Vol.31, No.6, pp.762-771, 2019

[23] Daniel Akhila and V. Preeja, "Automatic Road Distress Detection and Analysis," International Journal of Computer Applications, Vol.101, No.10, pp.18-23, 2014

[24] Yusuke Fujita, Koji Shimada, Manabu Ichihara and Yoshihiko Hamamoto, "A Method Based on Machine Learning Using Hand-crafted Features for Crack Detection from Asphalt Pavement Surface Images," Proceedings of the Thirteenth International Conference on Quality Control by Artificial Vision, 2017

[25] Mohamed S. Kaseko and Stephen G. Ritchie, "A Neural Network-based Methodology for Pavement Crack Detection and Classification," Transportation Research Part C: Emerging Technologies, Vol.1, No.4, pp.275-291, 1993

[26] Suguru Yokoyama and Takashi Matsumoto, "Development of an Automatic Detector of Cracks in Concrete Using Machine Learning," Procedia Engineering, Vol.171, pp.1250-1255, 2017

[27] Hiroya Maeda, Yoshihide Sekimoto, Toshikazu Seto, Takehiro Kashiyama and Hiroshi Omata, "Road Damage Detection and Classification Using Deep Neural Networks with Smartphone

Images," Computer-Aided Civil and Infrastructure Engineering, Vol.33, No.12, pp.1127-1141, 2018

[28] Stephen J. Schmugge, Lance Rice, John Lindberg, Robert Grizziy, Chris Joffey and Min C. Shin, "Crack Segmentation by Leveraging Multiple Frames of Varying Illumination," Proceedings of the 2017 IEEE Winter Conference on Applications of Computer Vision, pp.1045-1053, 2017

[29] Sarthak Pathak, Alessandro Moro, Hiromitsu Fujii, Atsushi Yamashita, and Hajime Asama, "Distortion-Resistant Spherical Visual Odometry for UAV-Based Bridge Inspection," Proceedings of SPIE, Vol. 11049 (Proceedings of the 2019 Joint Conference of the International Workshop on Advanced Image Technology and the International Forum on Medical Imaging in Asia), pp.1104910-1-1104910-6, 2019

[30] Pablo Alcantarilla, Jesus Nuevo, and Adrien Bartoli, "Fast Explicit Diffusion for Accelerated Features in Nonlinear Scale Spaces," Proceedings of the British Machine Vision Conference, pp.13.1-13.11, 2013

[31] J. Hola, J. Bien, L. Sadowski and K. Schabowicz, "Non-destructive and Semi-destructive Diagnostics of Concrete Structures in Sssessment of their Durability," Bulletin of the Polish Academy of Sciences Technical Sciences, Vol.63, No.1, pp.87-96, 2015

[32] Hassene Hasni, Amir H. Alavi, Pengcheng Jiaoand Nizar Lajnef, "Detection of Fatigue Cracking in Steel Bridge Girders: A Support Vector Machine Approach," Archives of Civil and Mechanical Engineering, Vol.17, pp.609-622, 2017

[33] Kushal Virupakshappa and Erdal Oruklu, "Ultrasonic Flaw Detection Using Support Vector Machine Classification," Proceedings of the 2015 IEEE International Ultrasonics Symposium, pp.1-4, 2015

[34] Vicente Lopes Jr., Gyuhae Park, Harley H. Cudney and Daniel J. Inman, "Impedance-based Structural Health Monitoring with Artificial Neural Networks," Journal of Intelligent Material Systems and Structures, Vol.11, No.3, pp.206-214, 2000.

[35] Sinan Kalafat and Markus G. R. Sause, "Acoustic Emission Source Localization by Artificial Neural Networks," Structural Health Monitoring, Vol.14, No.6, pp.633-647, 2015

[36] Arvin Ebrahimkhanlou and Salvatore Salamone, "Single-sensor Acoustic Emission Source Localization in Plate-like Structures Using Deep Learning, Aerospace, Vol.5, No.2, p.50, 2018

[37] 高橋悠輔・前原 聡・藤井浩光・山下 淳「人の音に近い打音装置を使った変状検出手法」日本ロボット学会誌, Vol.38, No.1, pp. 113-118, 2020

[38] 藤井浩光・山下 淳・淺間 一「打診検査のためのブースティングを用いた自動状態識別」精密工学会誌, Vol.80, No.9, pp. 844-850, 2014

[39] 藤井浩光・山下 淳・淺間 一「打診検査のための自動校正機能を備えた自動変状診断アルゴリズム」日本機械学会論文集, Vol.82, No.834, 15-00426, pp.1-18, 2016

[40] Jun Younes Louhi Kasahara, Hiromitsu Fujii, Atsushi Yamashita and Hajime Asama, "Unsupervised Learning Approach to Automation of Hammering Test Using Topological Information," ROBOMECH Journal, Vol.4, 13, pp.1-10, 2017

[41] Jun Younes Louhi Kasahara, Hiromitsu Fujii, Atsushi Yamashita and Hajime Asama, "Fuzzy Clustering of Spatially Relevant Acoustic Data for Defect Detection," Robotics and Automation Letters, Vol.3, No.3, pp.2616-2623, 2018

7 建設現場の安全

7.1 建設業における労働災害の現状

　日本では少子高齢化を背景とした労働者人口の減少が進んでいる。 2016年に6,648万人いた労働力人口も，2065年には3,946万人になると予測されており，2016年と比較して4割程度減少する計算である[1]。このような背景のもと，i-Constructionでは，2025年までに建設現場の生産性を2割向上することを目標に掲げている。そのためには現場の効率化や省人化が必須であり，本書でもここまで多数紹介してきたように，多くの研究や施策が精力的に行われている。

　その一方で，現場を完全に無人化させることは困難であるという意見も存在する。大手ゼネコンが主導する大規模な現場であれば実現する可能性があるとしても，中小建設業が主体とな

図7-1　建設業における労働災害による死亡者数，休業4日以上の死傷者数の推移

る地方の現場において完全な無人化が実現することはより困難であるし，実現したとしてもかなり未来のこととなるだろう。しかし，現場の効率化や省人化を目的とした機械化が今後どの現場でも推進されていくことは間違いない。すると必然的に，建設機械と現場作業員とが近い場所で共存して働くという状況は今後も増えていくだろう。危険な作業に機械を用いることで作業員がより安全に働けるようになる一方で，建設機械と共存する環境において現場作業員が危険に晒される可能性もまた増加していくだろう。

　2019（平成 31／令和元）年の労働災害発生状況を確認してみよう。厚生労働省のデータによれば，全産業を合計した死亡者数が 845 人である。さらに死亡災害の業種別発生状況を見ると，最も多いのが建設業の 269 人，そこに第三次産業の 240 人，製造業の 141 人が続く状況となっている。全労働災害死亡者数のうち建設業は 31.8% を占め，他業種と比較して最大の割合となっており，若者が就職先を選択するうえで魅力を損なう要素になってしまっているのは否定できない。過去 50 年（1970〜2019 年）の建設業における労働災害による死亡者数および休業 4 日以上の死傷者数をあらわしたグラフを**図 7-1** に示した，なお，グラフは国土交通省資料より筆者が作成した。

　図 7-1 より読み取れるように，建設業における労働災害は 1970 年代から急激な減少傾向にある。この傾向は建設業だけに見られる傾向ではなく，全産業において確認できる傾向であり，1972 年に制定された労働安全衛生法の影響が大きい。高度経済成長期にあった日本では大規模工事や労働環境の変化が見られ，同時に労働災害の多発が問題視されていた。そういった状況において，従来の労働基準法（1947 年制定）の第 5 章に記載された安全と衛生に関する規定を修正・充実させ制定されたのが労働安全衛生法である。制定後の順調な労働災害の減少は，この労働安全衛生法体系による厳しい監督・指導の一つの大きな成果であろう。しかし，最近の傾向に注意を向けると，順調な減少は下げ止まっていると言わざるを得ない。ここ 10 年の平均をとると 331.5 人であり，毎日日本のどこかで誰かが 1 人亡くなっているという計算となる。前述したように労働力人口の減少が予測される我が国において，建設業をより安全な職場にしていくことは，人材確保の面でも喫緊の課題である。

　現在の日本の建設業における労働災害発生水準が世界的にどの程度のものであるかを比較するため，建設業における死亡事故発生率（建設労働者 10 万人あたり）を**図 7-2** に示した[2][3][4]。2013 年の日本における死亡事故発生率は 6.85 人 /10 万人である。これはアメリカ合衆国の 9.7 人 /10 万人，フランスの 9.3 人 /10 万人に比べ良好な数値であるが，イギリス 1.9 人 /10 万人，ドイツ 4.0 人 /10 万人と比較すれば差をつけられているともいえる。2019 年の建設業就業者数が 415 万人，死亡災害死者数が 269 人であるため，10 万人あたり 6.48 人であり，微減はしていてもやはり世界トップクラスには及んでいない。もちろん，各国がそれぞれにとっている数値であるため統計的な差異はあるにせよ，日本の建設業における労働災害対策は世界と比較して良好なものである一方で，まだ上には上がある，つまり向上の余地が残されているというのが現状である。

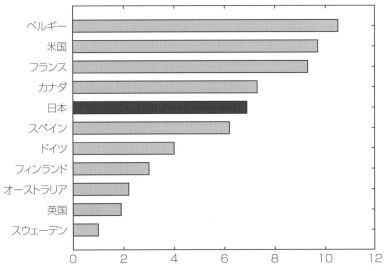

図7-2　2013年建設業における死亡事故発生率の国際比較（10万人あたり）[2]

7.2 リスクアセスメント

　労働災害の現状から，建設業における安全対策の向上・発展の重要性について述べたが，一方で生産性向上も非常に重要な課題であることは間違いない。一般的に，死傷事故が起きれば工事が止まってしまい工期に影響するため，安全対策とは生産性向上，効率の向上に直結する要素である。しかし一方でミクロな視点では，安全と効率という課題はトレードオフの関係にある。例えば，建設機械の周囲に人間を近づけさせないというのは安全対策の基本であるが，安全を目いっぱい確保するため「建設機械の作業中は，人間は現場に一切立ち入り禁止」と設定すれば，当然生産性は低下するだろう。建設機械の周囲について立ち入り範囲を設定する場合，どの程度の範囲とするべきか。小さく設定すれば安全性が低下し，広く設定しすぎれば効率性が犠牲になる。こうしたトレードオフ関係において，必要となるのがリスクマネジメントである。

　リスクマネジメントとは，例えば国際規格ISO31000においてその原則が定義されている。ISO31000において定義されているリスクマネジメントプロセスを**図7-3**に示す。リスクマネジメント，リスクアセスメントは時に混同される言葉であるが，**図7-3**

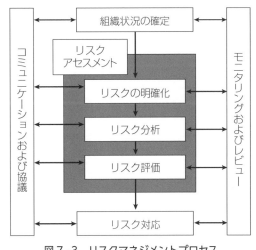

図7-3　リスクマネジメントプロセス

151

に示したように，リスクマネジメントはリスクを組織的に管理し，その影響を回避・最小化するためのプロセスを指し，リスクアセスメントはその中の一つの重要なサブプロセスを指す。本章では，リスクアセスメントおよびリスク対応について解説する。

7.2.1　リスクと安全 ─ ALARP の原則

　リスクとは，投機的リスクと純粋リスクに分類される。投機的リスクとは，対象が損失を受けることもあれば利益を受けることもあるリスクを指し，純粋リスクとは損失しか発生しないリスクを指す。例えば，ISO31000 においてリスクとは「目的に対する不確かさの影響」と定義されており，投機的リスク，純粋リスク双方をその対象としている。しかし，本書で扱う建築現場における労働災害などのリスクは後者の純粋リスクに該当するため，今後は純粋リスクを「リスク」として取り扱う。

　工学分野の安全を考えるうえで重要な国際規格 ISO/IEC ガイド 51 の中では，リスクは純粋リスクを主として考えられている。ここでは，リスクと安全は下記のように定義されている。

- リスク：Combination of the probability of occurrence of harm
  危害の発生確率およびその危害の程度の組み合わせ
- 安　全：Freedom from risk which is not tolerable
  許容不可能なリスクがないこと

　この表現からわかるように，現在の国際安全規格において，安全とは「絶対安全」ではなくリスクという概念を経由した定義がなされ，許容不可能なリスクの除去の達成をもって「安全である」と規定されている。「許容不可能なリスク」とは ALARP の原則と呼ばれる考え方と関連した語句である。 ALARP とは ”as low as reasonably practicable” の略であり，リスクは合理的な範囲で実行可能な水準まで低減しなくてはならないという原則を指す。これをわかりやすく表現した図が，**図 7-4** に示した ALARP のキャロットダイアグラムと呼ばれる図である。この図は時に誤解を招くが，ただ許容可能となった時点でリスクが残ってもよいというわけではなく，合理的で実現可能な範囲で可能な限りのリスク低減が求められることは言うまでもない。残留してよいリスクとは，発生しても気にせず受け入れられるリスクと，合理的に可能な限り低減しても残ってしまうが利益と天秤にかけた結果仕方なく受け入れられるリスク，と表現できる。

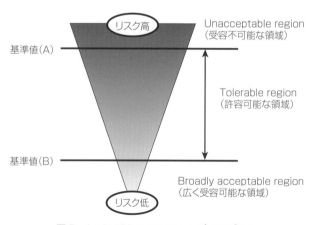

図 7-4　ALARP のキャロットダイアグラム

残留したのが許容可能なリスクであるのか，つまり「安全」であるかという基準は，常に時代によって変化する。ISO/IEC ガイド 51 においても "in a given context based on the current values of society" と定義づけられており，つまり安全かどうかは常に一意に定められるのではなく，「現在の社会の価値観に基づいた文脈において」許容可能か否かが判断されるのである。

7.2.2 リスクアセスメントとリスクの低減

ISO/IEC ガイド 51 に連なる機械安全に関する国際標準機価格 ISO12100 において，機械設計におけるリスクアセスメントの方法論が規定されている。ここで規定されているリスクアセスメント手法は，現在の建設現場における安全管理の手法としても用いられている。本項ではその手法の基本的な部分を紹介する。リスクアセスメントプロセスの概要について，**図 7-5** に示した。

（1） リスクアセスメント

まず行われるのは，意図される使用と合理的な予見可能な誤使用の明確化，そして危険源の同定である。例えば機械設計においては，設計する機械の目的や使用条件の洗い出しを行い，人間はミスをするという前提の元にどのようなミスが起こりうるかの予想を行う。例えば，使用中の故障に対して人間がとるであろう反射的な行動，使用中に行ってしまうと予測できる不安全行動などである。その

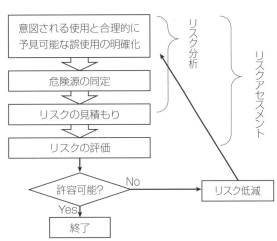

図 7-5 リスクアセスメントプロセス

後，危険源の同定を行う。危険源にはさまざまな種類があり，その危険源を特定するための手法についても，本書では個別の解説は行わないが，HAZOP，HACCP，FTA などさまざまな手法が存在する。

次の段階として，リスクの見積もりが行われる。ここでリスクとは危害の発生確率およびその危害の程度の組み合わせ，と定義されていることを思い出してほしい。リスクの見積もりでよく活用されるリスクマトリクス法，リストグラフ法はこの定義に従いリスクを見積もる手法である。つまり，リスクの発生確率，発生した際の被害の大きさをそれぞれ段階的に評価し，その組み合わせでリスクを見積もる手法である。**図 7-6** にリスクマトリクス法の一例を示した。リスク

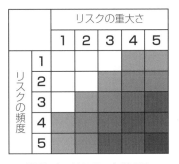

図 7-6 リスクマトリクス

の発生確率あるいは被害の大きさが高く評価されるとより濃くなる，つまりリスクが高く見積もられる様子を表している。

　最後にリスクの評価を行い，許容可能か否かを判断する。それは前項で説明したように，現在の社会の価値観に基づいた文脈において評価される。許容可能であればリスクアセスメントは終了するが，許容可能でなければリスク低減措置が必要となり，残存リスクが許容可能となるまで一連の流れを繰り返す。

（2）リスクの低減

　リスク低減方策においては，まず設計者による保護方策がとられ，その後使用者による保護方策が考慮される。設計者による保護方策は3段階に分かれており，3ステップメソッドと呼ばれている。3ステップメソッドはその順番がそのまま優先順位どおりとされており，1ステップ目から優先的に行うように定められている。まず，最優先に取り組むべきは「本質的安全設計」である。これは主に危害の程度を減らすことを目的とした方策であり，危険源そのものの除去や使用機器の工夫によってヒューマンエラーによる危害の発生確率の低下を試みる，などの例が挙げられる。次にくるのが「保護装置」である。機械設計においてはヒューズやブレーカーなどといった付加的な安全装置を使用して危害の発生頻度を低減させる方策を指す。3ステップ目は「使用上の情報」とされ，警告ラベルの貼付や取扱説明書などによる説明などが挙げられる。ここまでの3ステップが設計者による保護方策である。

　設計者による3ステップメソッドを行っても残存するリスクについて，使用者による保護方策で低減を試みる。設計者から伝達された情報により，設計者だけではできないリスク低減を使用者にゆだねるものであり，具体的には保護具の着用や安全訓練などが行われる。ここで重要なのは，あくまでも設計者による保護方策の結果どうしても残留してしまうリスクについて使用者にゆだねるという原則であり，設計者による保護方策の代わりに使用者による保護方策に頼ることがあってはならない。

　ここまで，機械安全の観点からリスクアセスメントプロセスについて紹介したが，前述したようにこの手法は現在の建設現場における安全管理の手法としても用いられている。例えば，「意図される使用と合理的に予見可能な誤使用の明確化」とは建設現場においては建設機械の運用法や建設現場における不安全行動の特定などが挙げられ，「リスクの見積もり」「リスクの評価」を行うべきなのは建設現場でも当然変わらない。リスクの低減方策についても，「本質的安全設計」についてはより安全な施工方法や建設機械の選択などが考えられ，「保護装置」には建設機械の動くエリアのガードやインターロックなどが挙げられるだろう。

　以上，安全性と効率性のトレードオフ問題を解決するための一手法であるリスクアセスメントについて紹介した。機械設計であれ建設業における安全確保であれ重要なのは，リスクとは発生確率と危害の程度によって定義されその許容可能性は社会的に決定されること，人間はミスをする，機械は故障するという前提に立ったリスク管理が求められることである。

7.3 Safety 2.0

　7.1 節において日本の建設業における労働災害の現状を概説し，7.2 節においては安全性と生産性のトレードオフ問題を解決するための一手法として用いられるリスクアセスメント手法を紹介した。ここでは，比較的新しい考え方である協調安全，Safety 2.0 について紹介する。

　協調安全とは，モノ・人・環境が情報を共有することで協調して安全を実現するという安全の概念である。そして，Safety 2.0 とは，この協調安全という思想を実現するための技術的方策である[5]。このコンセプトにおいて，従来の安全に関する方策は Safety 0.0，Safety 1.0 などと分類されている。Safety 0.0 から Safety 2.0 まで，そのコンセプトを図解したものを**図 7-7** に示した[2]。本節では，これらの Safety 0.0 から Safety 2.0 までを，建設業における現状や試みと関連づけて紹介する。

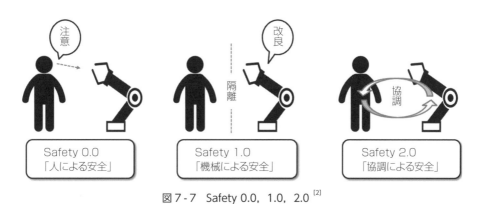

図 7 - 7　Safety 0.0，1.0，2.0 [2]

7.3.1　Safety 0.0

　Safety 0.0 においては，「人による安全」が重視されている。その主たる方策は注意喚起や適切な安全教育によって，人間の注意力や判断力を向上させ，事故を防止しようという方策である。現状の建設現場において広く普及している手法であるヒヤリハット情報の収集や KY（危険予知）活動，労働安全標語による注意喚起，作業における指差し確認の徹底などの安全方策がここに分類される。古典的な方策ではあるが，工事の規模，業者の規模を問わず行える方策であり，今日においても重要な役割を持っている。しかし，リスクアセスメントの項でも触れたように，人間はミスをするし，機械は故障するものであり，「人間による安全」だけでは限界が存在する。

7.3.2　Safety 1.0

　Safety 1.0 とは，人間はミスをする，機械は故障する，絶対安全は存在しないという前提の元で，フェイルセーフやフールプリーフを考慮した機械設備の安全化によって安全を追及す

る「機械による安全」である。使いやすいインタフェースの開発，動作プログラムの改良など多岐にわたり，その基本となる原則は「隔離と停止」による安全である。

建設現場においては，バックホウやブルなどの建設機械が働くエリアと作業員が働くエリアを区分するという「隔離」による安全対策が行われているほか，機体にセンサを配置して他者の接近時に警告呈示，あるいは停止を行う建設機械が開発されている。さらに，雲仙普賢岳復興工事をきっかけに本格的な試みが始まった「無人化施工」という試みがある[6]。これは建設現場の内部から完全に人間を排除し隔離するものであり，複数の企業によりさまざまなレベルで実現化が進んでいる。

7.3.3 Safety 2.0

生産効率と安全性の両立を目指し，「人間と機械，環境との間の協調」による安全を目指す方法論が Safety 2.0 である。人間と機械，環境とをそれぞれ ICT 技術などによってつなげ，互いの情報を共有することで，人間の存在する領域，機械の存在する領域のみならず，人間と機械とが協調する領域におけるリスクを最小化し，全体として安全かつ効率的な作業の実現を目指す。

建設業における関連した取り組みの一例として，バイタルセンサを用いた作業員の体調管理が挙げられる[7]。作業員の健康状態と作業場所の環境状況を一元管理し体調管理を行うとともに，運用データを生かした警告呈示を行っている。これは人間と環境との間で ICT 技術を用いた情報共有を行い，人間と環境との協調による動的安全管理を試みる手法であり，Safety 2.0 の一例であるといえる。

本節では Safety 0.0 から 2.0 まで，建設業の現状と関連づけた紹介を行った。Safety 2.0 とは ICT 技術を活用し人・モノ・環境が情報を共有することで安全を確保しようとする方策である。これは i-Construction で我々が目指す未来の建設現場と親和性が高く，建設業においてもそのさらなる応用と発展が期待される。

《参考・引用文献》

［1］ 堀江奈保子「少子高齢化で労働力人口は 4 割減―労働力率引き上げの鍵を握る働き方改革」みずほ総合研究所 調査リポート，2017
［2］ 濱崎峻資「i-Construction における安全の実現 - 地方への適用と人間に着目した取り組み」JACIC 情報，No.121，2020
［3］ The Sixth Edition of The Construction Chart Book, CPWR – The Center for Construction Research and Training, produced with support from the National Institute for Occupational Safety and Health grant number OH009762
https://www.cpwr.com/wp-content/uploads/publications/The_6th_Edition_Construction_eChart_Book.pdf
（最終アクセス 2021/2/10）
［4］ 厚生労働省「報道発表資料　平成 25 年の労働災害発生状況」

https://www.mhlw.go.jp/stf/houdou/0000046019.html（最終アクセス 2021/2/10）

［5］ 向殿政男『中災防ブックレット　Safety 2.0とは何か？　隔離の安全から協調安全へ』中央労働災害防止協会，2019

［6］ 茂木正晴・山元 弘「無人化施工による災害への迅速・安全な復旧活動」計測と制御，Vol. 55，No.6，pp.495-500，2016

［7］ 株式会社大林組「作業員向け体調管理システム Envital（エンバイタル）」
https://www.obayashi.co.jp/solution_technology/leading_edge/tech073.html（最終アクセス 2021/2/10）

コラム⑩（研究紹介）　4Dモデルを活用した建設工事の安全管理手法に関する取り組み

1．研究背景および目標

　建設業における労働災害の発生原因の一つとして「繰り返し型災害」が挙げられるが，同種作業着手前に過去の事故事例より再発防止対策措置を講ずることで発生を回避できた事故もあったと考えられる。工事着手前に作成する作業手順書は，技術者が設計図書，管理図，現場情報および仮設設計資料をもとに現地確認を行い，頭の中でイメージしながら作成される。そのため，作成された作業手順書は技術者の持つ個々のスキルと経験に左右され，経験が不足している技術者が作成した場合，実作業に即したものとならず全く利用されないケースが想定される。近年，建設業従事者は減少の一途をたどっており，熟練技術者および技能者も同様に減少することが予想され，技術だけでなく安全に工事を進めるための過去の知見や経験をどのように形式知化し後世に残し引き継いでいくかは，建設会社各社が抱える重要な課題である。

　また，建設会社各社で保有する労働災害データについては，重篤災害だけでなく不休災害も含めてデータを整理しているものの，活用検索に手間がかかり事故の経験者以外ほとんど活用されていない。これにより，同種作業着手前の手順検討不足および関係者への周知不足が事故の発生する要因となり，過去に発生した事故と同じ過ちを繰り返すこととなってしまう。そこで本研究では，設計図書より作成した3Dモデルを活用し，作業に応じた安全衛生規則および過去の事故事例を関係者が視覚的に確認しながら，工事着手前の手順検討時にポテンシャルリスクを抽出し，事前に対策を検討する手法の検討が行える仕組みを考え，業界内で広く利用されることを目標として取り組みを進めている。

2．構築するシステムの概要

　本システムはユーザ側のPCスペックに依存することなくデータベースの活用，追加および3Dモデルをクラウドサーバ上で活用できるものを目指している。今回の検討ではAutodesk社製Forgeを利用し，Model derivative APIによるsvf変換したデータをViewer表示，作業手順の検討に必要な機能を付加することに取り組んだ。検討を進めているシステム概要を**図⑩-1**に示す。作業手順の検討に必要な現場条件を入力することにより，データベースより関連する事故事例，法令および手順を検索，抽出する。これを作業手順書作成モ

ジュールに 3D モデルと合わせて表示することで具体的な検討ができるシステムとなっている。開発するシステムのイメージを**図⑩-2** に示す。

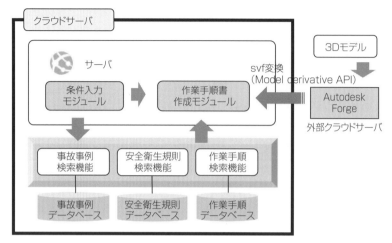

図⑩-1　システム概要

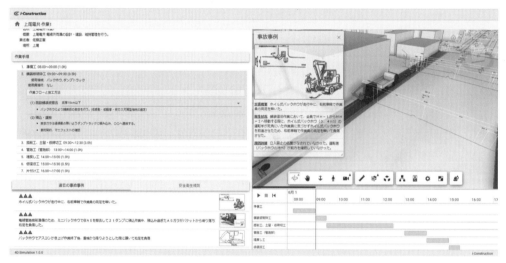

図⑩-2　開発システムイメージ（参考）

3．過去の事故事例および安全衛生規則の効果的活用

　過去に蓄積されているデータをデータベース化して活用するためには，仕分けや整理方法を統一し，必要となるメタデータを付与することが重要である。過去の事故事例については発生要因とそのときに実施 した再発防止対策を整理し，結果より再帰的に辿って事故防止に欠落していた事項を明確にしておく必要がある。また，法令についてはどのような行為を行い，または，対策を施さなかったことが違反となるか手順を検討するうえで理解しておかなければならない。これらのことを視覚的に理解するために作業手順検討時にアラート表示を行い，ユーザが確認をしたうえで手順の見直しを事前に行うことが事故発生リスク回避に有

効と考える。

4．今後の展望

　本研究成果は，経験の浅い技術者であっても過去にどのような状態でどのような事故が発生したかについて視覚的に学ぶことが可能となり，経験を補うための一つのツールとして活用が期待できる。今後はあらゆる工種，作業に利用できる仕組みを構築し，作業着手前の検討だけでなく，日々の作業打合せ，教育のシーンに活用できるシステムとなるよう研究を進めていく所存である。

《参考・引用文献》
［1］　佐藤正憲・福本勝司・小澤一雅・一岡義宏「4D モデルを活用した建設工事の安全管理手法」第 1 回
　　　 i-Construcion の推進に関するシンポジウム，土木学会建設マネジメント委員会，2019

8 i-Construction 実現のための 制度上の課題

8.1 社会基盤事業のサイクルと社会基盤システム

8.1.1 社会基盤事業のサイクル

　社会基盤事業は，調査・計画段階から設計・施工段階，管理・運営段階に至るプロセスで事業サイクルは構成され（**図8-1**），インフラ施設の種類に応じて短いものでも数十年，百年以上経過した現在でも使用されているインフラも存在する。このサイクルの各段階において，多様な関係者が参画しており，公共土木インフラの場合は，国や地方公共団体が事業者としてマネジメントする役割を担っている。行政機関が税金を財源として事業をマネジメントする場合，そのプロセスや担当は公的手続きのもとで決められるとともに，民間から財・サービスの提供を受けるには，公共調達制度のルールの下で行われることとなる。

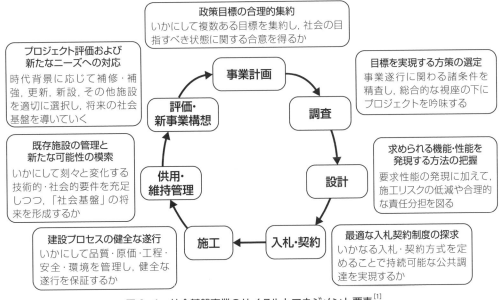

図8-1　社会基盤事業のサイクルとマネジメント要素[1]

161

8.1.2 社会基盤システム

社会基盤システムは，社会基盤（インフラ）施設を整備し，運営管理するプロセスにおいて必要なさまざまな仕組みや組織，あるいは人の活動の総体を指す。このシステム全体を社会の要請に応えて，どうつくるか，それをここでは社会基盤システムのマネジメントと呼ぶ[1]。社会基盤システムを構成する要素として，一つは資金調達の仕組み，そして，事業を動かすための組織・体制，さらに人材，また，インフラの構築・管理・運営に必要な技術・情報，さらにそれらを活用するシステム，最後に，これらを事業の仕組みとして動かしていくための基準類や法体系などを含む制度がある（図8-2）。

例えば，戦後，我が国に高速道路を整備するために，ここでいう社会基盤システムをつくりあげている[21]。昭和20年代（1945〜1954）に高速道路のネットワークを構築するため，有料道路という仕組みを導入するとともに，世界銀行から借入金を得ている。また，我が国独自の料金プール制度を資金調達の仕組みとしてつくり上げている。組織としては，日本道路公団という組織をつくり，当初は建設省（当時），地方自治体や民間から人を集めて，人材育成をしながら組織をつくり上げている。海外からのコンサルタントや著名な技術者が技術指導をしている。技術に関しては，大規模施工技術を米国などから導入するとともに，日本独自で施工ができるよう技術開発の促進施策を進めている。そして，制度としては，有料道路制度だけでなく，組織や事業のプロセス毎に，我が国独自のシステムを構築している（図8-3）。

これらの社会基盤システムを構築することにより1970〜80年代には年に200〜300 kmという速度で高速道路の整備が実現できている。これらの制度は使いながら改良され，現在は日本道路公団はNEXCO3社などの組織に変更されている。i-Constructionが目指す生産性向上や情報通信技術・IoTを生かすためには，社会基盤整備から管理運営のプロセスにおいて体制や仕組みなどの社会基盤システムをどのように再構築するかを考える必要がある。

図8-2　社会基盤システムの構成要素

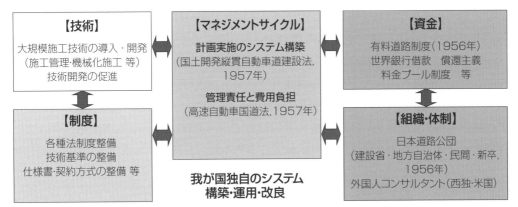

【技術】	【マネジメントサイクル】	【資金】
大規模施工技術の導入・開発 （施工管理・機械化施工 等） 技術開発の促進	**計画実施のシステム構築** （国土開発縦貫自動車道建設法, 1957年） **管理責任と費用負担** （高速自動車国道法,1957年）	有料道路制度（1956年） 世界銀行借款　償還主義 料金プール制度　等
【制度】		【組織・体制】
各種法制度整備 技術基準の整備 仕様書・契約方式の整備 等	**我が国独自のシステム 構築・運用・改良**	日本道路公団 （建設省・地方自治体・民間・新卒, 1956年） 外国人コンサルタント（西独・米国）

図 8-3　わが国の高速道路整備における社会基盤システム構築の例

8.2 i-Construction の実現に必要な新たな社会基盤システム

8.2.1　新技術を活用するためのシステム

　i-Construction の実現に向けて多種多様な技術が開発されている。今後も一層さまざまな技術開発が行われることが予想される。技術は，社会基盤施設そのものに係る技術（発注者が仕様で定めるもの）と施設整備するプロセスにおいて必要な技術に分けられる。前者については，一般に，施設が置かれる環境や利用期間に応じて必要な品質が確保されることを公的に確認したうえで新たな基準が構築され，活用されることになる。後者については，社会基盤事業が一般に公共空間において実施されることから，その技術を活用する者や周辺環境に対して安全・環境上問題がないことを確認したうえで，必要に応じて基準を整備し，活用されることになる。いずれも費用と時間を要するため，一般に，これらのプロセスは開発者によって事前に実施される必要がある。

　発注者が仕様を確定する際に，最適な仕様を決めることが困難な場合には，性能規定により注文内容を示し，性能を照査する基準を提示することで調達が可能となる（**図 8-4**）。性能照査型の基準や総合的な評価システム[6]をもつことで，さまざまな技術を活用する自由度が上がり，最適な仕様を選択することが可能となる。

　また，社会基盤整備に必要な設計技術と施工技術を保有するアクターは，一般に，それぞれ建設コンサルタントと施工会社に分かれている。両者の技術を上手く組み

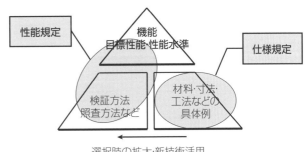

図 8-4　技術基準類の性能規定と仕様規定

163

合わせて現場に最適な仕様を決めるためには，各アクターの事業に参画するタイミングを工夫する必要がある。技術提案・交渉方式（**図 8-5**）を活用することで，設計段階から建設コンサルタントだけでなく施工会社が参画し，現場に必要な技術を選択・活用しやすい体制を構築することが可能となる。2014（平成 26）年 6 月 4 日に公布され，即日施行された「公共工事の品質確保の促進に関する法律の一部を改正する法律」において，技術提案・交渉方式は導入され，設計段階から施工者が事業に参画関与する（Early Contractor Involvement（ECI）方式）体制を実現することが可能となっている[11]。施工者が基本設計の段階から事業に参画し，発注者，設計者と共同で事業を進めることで，大幅な工程短縮や新技術の活用も可能となっている[12]。これらの多様な入札契約制度の活用方法を考えることが肝要となる。

　例えば，コンクリート構造物の建設プロセスにおいて，構造，材料，施工の技術をどのように組み合わせて実現するのがよいか，また，建設後の維持管理や更新などを考慮して，どのような構造物とするのがよいかは，構造物が建設される環境や構造物に求められる機能や性能に応じて異なる。さらに，資機材や労務の供給体制や市場の変化に応じて，建設コストは異なるのが一般的である。一方で，現在の建設生産プロセスでは，同種の施工環境の下で同種の構造物を早期に構築するため，これらの検討に必要なトランズアクションコストを小さく抑えられるよう標準設計を用意し，共通仕様書と標準積算基準を用いて体系化されている。生産性向上をもたらす工場製作化も，どのように現場で活用するのがよいかを考える必要がある。全体最

◆施工者の設計への関与の度合い,工事価格決定のタイミング（設計前,設計後）で

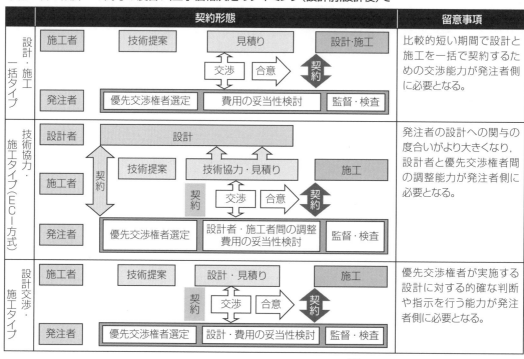

図 8 - 5 技術提案・交渉方式の 3 タイプ[11]

適を図るためには，これらの技術を生かすためのシステムを開発する必要がある。同一の構造物を建設するための施工方法は多様であり，適用される施工技術や施工計画によって，現場に必要な作業員数，工程，現場の安全性，環境に及ぼす影響等は異なる[6]。

　材料の選択肢の一つである締固めが不要の自己充てんコンクリートの活用により，施工の合理化を図ることができるだけでなく，新しい構造形式の実現も可能となる[7]。従来の標準コンクリートを適用する場合には，遵守する必要がある施工の制約や設計の制約からの解放が可能となるからである（図8-6）。鋼コンクリートサンドイッチ構造の沈埋函は，自己充てんコンクリートの適用により初めて実現できる構造形式であり，この構造形式において，外側の鋼殻は，コンクリート打設時には型枠となり，硬化後は，コンクリートと一体となって構造部材となる。型枠の建込や鉄筋の加工組み立てが不要の構造形式である。このことにより，函体製作時に必要なドライドックの使用期間を短縮することが可能となり，標準コンクリートと比較して単価の高い自己充てんコンクリートを使用しても，従来のコンクリート構造の沈埋函と比較して経済的に不利とならない。自己充てんコンクリートの打設を洋上で行えば，さらに有利となる。

　鉄道高架橋を対象に検討したケースでは，自己充てん高強度高耐久コンクリートの特性を生かして構造形式を変更すると，工期を約1/2，現場の労働生産性を飛躍的に向上させることも可能となる[8]。（図8-7）さらに，コスト，工期，労働生産性だけでなく，現場の労働安全性や

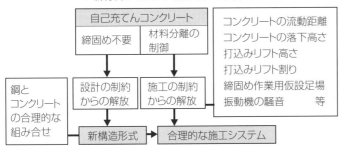

図8-6 自己充てん（高流動）コンクリートを用いた施工の合理化[7]

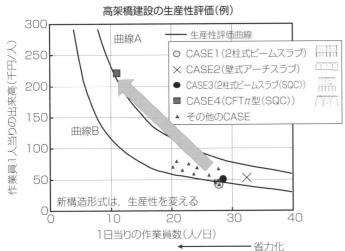

図8-7 鉄道高架橋を対象とした生産性向上の検討例[10]

騒音・振動，CO_2 排出量などの環境に対する負荷なども含めて総合的に優れた建設システムを創造することも可能となる[8] [10]。

8.2.2 関係者間で情報共有・活用するためのシステム

建設や維持管理の現場において事業の関係者間で情報共有・活用する方法には，その目的に応じて多様な選択肢がある。3次元モデルのように大容量の情報を共有したり，そのデータを用いて建設機械を自動制御したり，計測データと組み合わせてヒートマップを自動で作成したりするためにはシステムが必要となる。施工管理のために必要なデータを収集するデバイスや収集されたデータをタイムリーに処理し現場での判断に必要な情報を提供するアプリケーションやシステムが開発されている。

ICT 施工の現場においては，① 3次元起工測量，② 3次元設計データ作成，③ ICT 建設機械による施工，④ 3次元出来形管理などの施工管理，⑤ 3次元データの納品の順に施工が行われる。ICT 建機の施工精度を確認するための要領（案）や3次元設計データに基づきマシンコントロール（MC）やマシンガイダンス（MG）で施工された履歴データに基づき出来形管理を行うための要領（案）も作成されている。フィンランドにおいては，ICT 施工のプロセスで活用する3次元モデルに付与する用語の体系化，モデル作成にあたっての要求仕様，データ交換のためのオープン様式を共通のガイドラインとして定め，3次元モデル（BIM）活用の利便性を確保している（**図 8-8**）[17]。

Common InfraBIM Guidelines

(1) InfraBIM Classification System
・'The language'
・InfraBIM Terminology

(2) Common InfraBIM Requirements（YIV）
・What and how to model in different phases
・2015 ➢ 2018

(3) Inframodel Data exchange
・Open format, open online documentations
・Inframodel3（LandXML）
　＞ Inframodel4（2018）IFC（bridges）

buildingSMART. FINLAND

図 8-8　フィンランドの ICT 施工のための BIM ガイドライン[17]

　受注者により取得された施工管理情報は，発注者の検査に用いられるが，その際，精度に加えて，情報の耐改竄性やトレーサビリティが問題となる。この課題を解決するためにブロックチェーン技術を活用したシステムのプロトタイプが開発されている。このシステムにより検査の自動化が可能となる。また，このシステムにスマートコントラクト技術を組み合わせることで，検査後の支払いまでを自動化することが可能となる（コラム③）。契約・支払情報から契約の履行に係る施工管理情報をブロックチェーン技術により耐改竄性が担保されたシステムに保存され，出来形検査や出来高査定を行うことにより契約に基づく必要な支払いがスマートコントラクト技術により自動で行われるシステムである。臨場立会検査が遠隔臨場検査に代わるのを通り越して，立会検査そのものが不要となるだけでなく，これまで検査のために用意されてきた膨大な資料を作成する必要がなくなることにつながる。

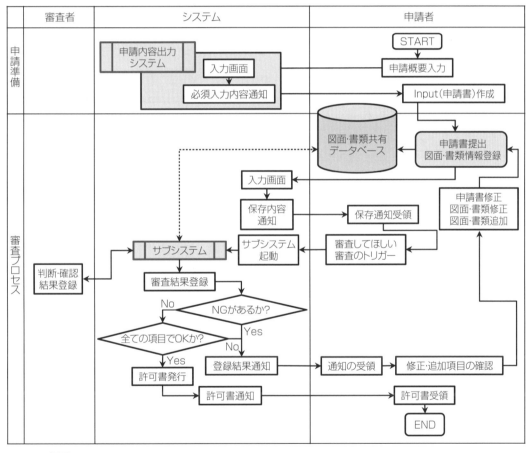

システム概要
・設計の進捗に伴って審査可能
・申請内容を申請概要に応じて通知する
・サブシステムは形式審査・内容審査を実施するシステム
・サブシステム内では，既往判断，今後の判断を蓄積し，判断の補助も行う

図8-9　河川協議のための許認可図書審査の支援システムの提案[18]

　これらを支えるシステムは，各種デバイスを通して現場で計測されるデータなどの施工管理情報や3次元設計データや契約情報等を保存するサーバから必要なデータを抽出し分析処理を行う各種のアプリケーションソフトウェアから構成される。これらが通信機器を通してインターネットでつながったシステムである。システムどうしを自動でつなぐために WebAPI（Application Programming Interface）が活用される。施工段階だけでなく，3次元モデルを活用した設計照査システムや道路占用許可や河川協議などの許認可を3次元モデルを活用することにより，効率化することも可能となることが期待される（**図 8-9**）。

　情報通信システムを通してやり取りされるデータは，有効に活用することで事業の価値を高めることが可能となる。そのためには，データのマネジメントを考える必要がある。データのセキュリティ問題だけでなく，データの所有権や利用者に配慮した有効活用のためのマネジメントシステム構築と運用の知識体系が Data Management Body of Knowledge として取りまとめられている[2]。

8.2.3　基盤システムを活用したオープンイノベーション

　社会基盤事業に参画する関係者間で活用する基盤システムについては，協調領域として構築されるのが望ましい。例えば，公共土木事業の場合，公共発注者と設計者および施工者とで共通して利用するシステムは，協調領域として公的資金を活用して構築されるのが望ましい。一方で，そのシステムから提供されるデータを活用して，利用者に必要なサービスを提供するアプリケーションソフトウェアが競争領域として開発されるのがよい。そのためには，基盤システムのインタフェースにおいて，利用者がアクセス可能なデータのみが抽出活用しやすい形で提供可能となるシステムを用意するのが望ましい。このオープンシステムの上で，さまざまなイノベーションが産まれる仕組みを構築できるのが良い。情報基盤システムを構築するにあたっての課題（**図 8-10**）について関係者間で協議する場を設置する必要がある。

　例えば，施工環境をサイバー空間上に構築し，工事目的物を3次元モデルで提供することにより，仮設のシステムを含めて新たな施工機械やロボットが開発可能となるエコシステムが実現できるとよい。建設ロボットの開発コストと期間を大幅に短縮することが可能となる（**図8-11**）。

（1）協調領域と競争領域
・ユーザの利便性とオープンイノベーションの
　推進を考慮した境界の設定
・協調領域の費用負担　　　　　　　　　　など
（2）データの取り扱い
・データのアクセス権や所有権を考慮したルール
・個人情報保護の取り扱い
・問題が発生した際の解決方法　　　　　　など

図 8-10　情報基盤システムの構築上の課題

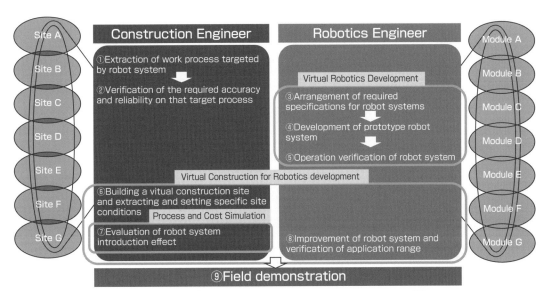

図 8 - 11　CPS を活用した新しい建設ロボット開発のプロセス[19]

コラム⑪
（研究紹介）　施工段階における建設情報の整備に関する研究

1．研究背景

　建設プロジェクトでは，計画設計，施工，維持管理段階において多数の関係者が膨大な量の建設情報を扱っている。その中でも施工段階では，発注者からの契約図書・その他の制約条件，専門工事業者からの詳細な施工計画などのさまざまな情報の統合や，現場条件や天候などの外部要因に応じた度々の計画修正が必要である。現状，この情報の統合・修正プロセスには多大な労力がかかっており，生産性向上の観点から多数の関係者・業務間での情報共有・連携が課題となっている。

　建設プロセスにおける情報共有という点で，近年国土交通省では BIM/CIM の活用に取り組んでいる。BIM/CIM とは，3次元の形状情報（3次元モデル）に加え，構造物および構造物を構成する部材などの名称，形状，寸法，物性および物性値（強度など），数量，そのほか付与が可能な情報（属性情報）とそれらを補足する資料（参照資料）を併せ持つ構造物に関連する情報モデルを構築し，構築した BIM/CIM

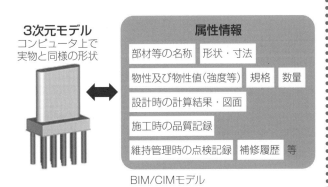

図⑪- 1　BIM/CIM モデル概要[2]

モデルに内包される情報を管理・活用することをいう[1]。BIM/CIM における 3 次元モデルには，属性情報として，施工情報（位置，規格，出来形・品質など），工程，コストなどのさまざまな情報を付与することが可能であるが（**図⑪-1**），異なる関係者や業務間で同一のモデルを使用し生産プロセスを進めて行くには，この属性情報となるデータの標準化が必要であり，BIM/CIM 活用の観点からも情報分類体系の整備が求められている。

2．研究の概要

　本研究では，施工段階における 3 次元モデルを活用した生産プロセスにおいて，異なる関係者・業務間で情報の共有・連携を図るための情報分類体系の在り方を検討する。本研究の概要を**図⑪-2** に示す。

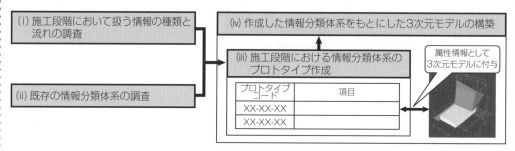

図⑪-2　本研究概要

（1）　施工段階において扱う情報の種類と流れの調査

　施工段階で扱う情報の一覧表と，それらの情報の関連性や関係者間での情報の流れを示す情報フロー図を作成する。なお，本研究では対象とする工種をコンクリート工，対象とする関係者を発注者，施工会社，専門工事業者とする。フロー図の結果から，3 次元モデルと関連があり，多数の関係者間・業務間での共有が有効な情報項目を選定し，本研究で扱う情報の範囲を明確化する。

（2）　既存の情報分類体系の調査

　海外では既に建設プロジェクト全体で活用することを目的とした建設情報分類体系が存在する。米国の Omniclass，英国の Uniclass，フィンランドの Infra BIM Classification system がその例であり，それらの分類構造や海外プロジェクトの施工段階における活用方法について調査を行う。一方，国内では建設プロジェクト全体を網羅した情報分類体系は普及していないが，TECRIS などの電子納品システムを中心に既にコードが整備されている。そこで，本研究では国内の情報分類体系として，既に活用されている電子納品システム内のコードの項目と分類手法を調査する。

（3）　施工段階における情報分類体系のプロトタイプ作成

　（1）で対象とした情報を関連づけるのにどのような情報整備の仕方がよいかを検討する。この際に（2）で調査した既存の建設情報分類体系の分類構造や項目を参考にする。（3）では成果として分類体系テーブルのプロトタイプを作成することを想定している。

（4）　作成した情報分類体系をもとにした 3 次元モデルの構築

　（3）で作成した分類体系テーブルのコードを属性情報として付与した施工段階用 3 次元モデルプロトタイプを構築する。実工事の事例をもとに構築し，工事関係者（発注者，施工会社，専門工事業者）にこの 3 次元モデルプロトタイプを試験的に使用してもらうことで，構築したモデルの活用可能性や今後の課題について検討する。

3．まとめと今後の展望

　今後，2．で記述した内容をもとに，研究を進めて行く。本研究の成果として施工段階における情報分類体系のプロトタイプが構築できれば，施工段階における① 異なる関係者間での情報の共有の実現，② 異なる業務間での情報連携の自動化による生産性向上が期待できる。また，本研究ではコンクリート工を対象に情報の整備を進めるが，得られた結果をもとに，他工種への適用可能性や，プロジェクトの設計・維持管理段階での活用についても検証を進める予定である。

《参考・引用文献》

［1］　国土交通省「BIM/CIM 活用ガイドライン（案）　共通編」2020
［2］　国土交通省「初めての BIM/CIM」
　　　http://www.nilim.go.jp/lab/qbg/bimcim/bimcim1stGuide_R0109___hidaritojiryo-men_0909.pdf
　　　（最終アクセス 2021/2/10）

8.3　新たな社会基盤システムの実現に必要な変革

8.3.1　インフラ関連産業のデジタルトランスフォーメーション（DX）

　産業競争力懇談会（COCN）は，第 6 期科学技術基本計画に向けた提言の一つとして，デジタルトランスフォーメーション（DX）で産業構造の変革を進めることを提言している[13]。DX 推進の要諦は，多様なデータの連携から新たな価値を創造することであり，その推進力はサイバーフィジカルシステム（CPS）を活用して従来のビジネスを変革する経営者のリーダーシップとしている。一方で，データ利用における責任や問題解決の仕組み，データの属性等の情報開示や信頼性の担保，サプライチェーンを形成する事業者に関するサイバーセキュリティの認

証・監査に関する課題が指摘されている。また，新型コロナウィルスによるパンデミックを経験し，ポストコロナ社会のニューノーマルへの挑戦において，DX の推進は，より一層その重要性が増している。特に，情報共有のルールを作り，情報共有基盤の整備，情報管理に資する技術開発と人材育成について，喫緊に取り組む必要がある。

　日建連においても，i-Construction の目標は，生産性を向上させることで，企業の経営環境を改善し，建設現場で働く方々の処遇を改善するとともに，ライフワークバランスに配慮された安全な建設現場を実現することとしている[3]。そのためには，単に，建設現場に ICT を取り込むことにとどまらず，これらを生かして新しい建設現場の創造を目指すことが重要である。技術者の創造性を生かして，現場の改善が常に図られるとともに，国民にインフラサービスを提供する付加価値の高い産業として建設産業がさらに発展することが望まれる。

　産業における DX の推進に加えて，行政組織における DX の推進は，行政機関が発注者となるインフラ事業の場合，その取り組みは一層重要である。国土交通省は，2020（令和 2）年 7 月に技監を本部長とするインフラ分野の DX 推進本部を設置し，国民に対する行政手続きや暮らしにおけるサービスを変革すること，ロボットや AI などの活用により人を支援し，現場の安全性や効率性を向上させること，職員の仕事のプロセスや働き方を変革することを目標とし，デジタルデータ活用環境を整備する計画を打ち出している[15]。2021 年度に設置予定のデジタル庁とともに，我が国の DX 推進に向けた取り組みとして期待されている。一方で，地方公共団体における DX 推進については，一部の県を除いて，取り組みが遅れているように思われる。

　また，インフラ産業界における DX 推進をさらに進めるためには，人材育成，特にデジタル技術活用のための実務者教育が必要となる。BIM/CIM などの 3 次元モデルについては，受発注者双方の教育・研修プログラムの開発や日本版コンピテンスセンターの設置が検討されている[16]。3 次元モデルを活用できるだけでなく，土木技術を理解したうえで，情報通信技術者に対してシステム開発の注文書を作成可能な人材や現場に必要なアプリケーションを開発可能な人材が求められている。技術をつなぐためには，双方をオーバーラップして理解できる人材が必要であり，大学における教育カリキュラムの見直しも必要であろう。

8.3.2　政策の実現に必要な変革

　インフラ分野における DX を推進する政策を実現するためには，関連する産業の構造変革が必要と言われている。また，インフラ事業の事業者としての行政組織の変革も必要となる。特に，新しいシステムを地方自治体などの行政組織に実装するにあたっては，関係者の意識の共有や首長のリーダーシップ，担当事務局の設置と組織横断で取り組みを共有する仕組みなどが必要となることが知られており（**図 8-12**），これらを踏まえた一連の組織変革プロセスを用意することが肝要である。さらに，これらの取り組みを市民と共有し，効果や課題を明らかにしながら継続して取り組める仕組みをつくることが重要である。

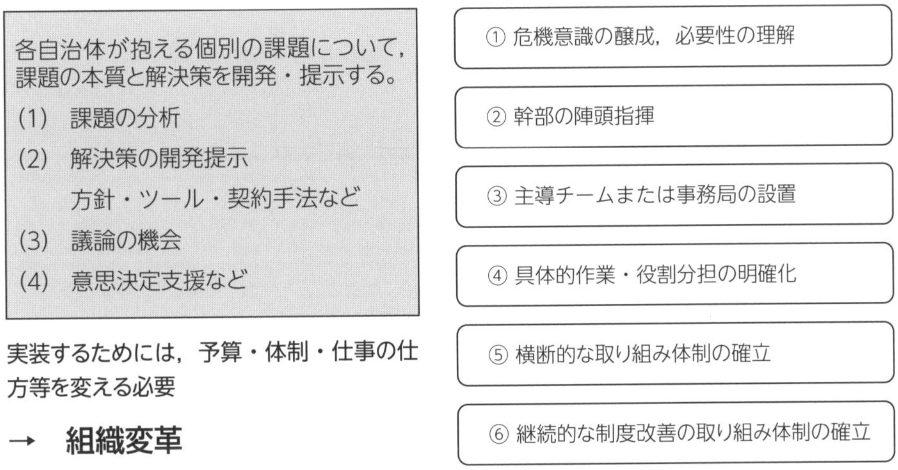

各自治体が抱える個別の課題について，課題の本質と解決策を開発・提示する。
(1)　課題の分析
(2)　解決策の開発提示
方針・ツール・契約手法など
(3)　議論の機会
(4)　意思決定支援など
実装するためには，予算・体制・仕事の仕方等を変える必要
→　組織変革
① 危機意識の醸成，必要性の理解
② 幹部の陣頭指揮
③ 主導チームまたは事務局の設置
④ 具体的作業・役割分担の明確化
⑤ 横断的な取り組み体制の確立
⑥ 継続的な制度改善の取り組み体制の確立

図 8-12　アセットマネジメント実装のための組織変革プロセス[20]

●社会基盤施設に加え，その整備や供用にまつわる社会の仕組み，慣行，組織，人的活動等の総体としてのシステム（=社会基盤システム）を，社会の要請に応えられるよう機能させるための取り組み
「生活・産業活動」
技術・情報
資源・財源
計画・調査
設計
施工
供用・維持管理
評価
構想
社会基盤施設
仕組み·慣行
組織・体制
「社会基盤システム」
社会ニーズに適合したシステム構築が必要

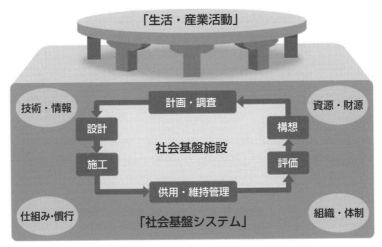

図 8-13　社会基盤システムのマネジメント[1]

このような取り組みこそが，社会のニーズの変化に合わせて社会基盤システムを再構築する社会基盤マネジメントと言える（**図 8-13**）。

《参考・引用文献》

［1］ 堀田昌英・小澤一雅編『社会基盤マネジメント』技報堂出版，2015

［2］ DAMA International「DMBOK: Data Management Body of Knowledge: 2nd Edition, 2017/7」

［3］ 一般社団法人 日本建設業連合会「再生と進化に向けて」2015

［4］ 小澤一雅「i-Construction モデル事務所」土木技術資料，平成 28 年 4 月号，巻頭言，2016

［5］ 小澤一雅「イノベーションを取り込むための建設生産システム革命」建設機械施工，Vol.68，No.8，巻頭言，2016

［6］ 三木浩司・小澤一雅「施工のプロセスが環境に及ぼす影響を考慮した建設技術総合評価システム」建設マネジメント研究論文集，Vol.3，pp.81-92，1995

［7］ 小澤一雅「新しいコンクリート材料—材料が構造・施工を変える」橋梁と基礎，Vol.31，No.8，1997

［8］ 武井康司・坂ノ上宏・角　宏幸・小澤一雅「自己充てん高強度高耐久コンクリートの特性を活かした鉄道高架橋建設システムの提案」『第 19 回建設マネジメント問題に関する研究発表・討論会講演集』2001

［9］ 伊藤祐二・小澤一雅・牛島　栄・渡部　正「コンクリート構造物の合理化施工技術の動向」コンクリート工学，Vol.39，No.6，pp.16-21，2001

［10］ 東京大学「高性能コンクリートを用いた次世代建設システム」報告書，ミレニアムプロジェクト 2000-2002

［11］ 国土交通省大臣官房地方課・大臣官房技術調査課・大臣官房官庁営繕部計画課「国土交通省直轄工事における技術提案・交渉方式の運用ガイドライン」2015

［12］ 土木学会建設マネジメント委員会「米国 CMGC 方式に学ぶ，WCS 方式のあり方」セミナー資料，2016

［13］ 一般社団法人 産業競争力懇談会「第 6 期科学技術・イノベーション基本計画に向けた提言」2020

［14］ 規制改革推進会議「デジタル時代の規制・制度について」2020

［15］ 「国土交通省インフラ分野の DX 推進本部の設置について」2020

［16］ BIM/CIM 推進委員会，国土交通省技術調査課

［17］ Common Infa BIM Guidelines, buiding SMART Finland

［18］ 玉井誠司・小澤一雅「3 次元モデルを活用した許認可図書審査の自動化システム構築手法」JACIC 研究助成事業活動報告，2020

［19］ 湯淺知英・小澤一雅「CPS を活用した施工管理のためのオープンプラットフォームの構築」，第 3 回「i-Construction 推進に関するシンポジウム」土木学会建設マネジメント委員会，2021

［20］ アセットマネジメントシステム実装のための実践研究委員会報告書，土木学会技術推進機構，2019

［21］ 公益財団法人高速道路調査会『高速道路五十年史』東日本高速道路株式会社，中日本高速道路株式会社，西日本高速道路株式会社，2016

索　引

執筆者一覧

小澤 一雅 [はじめに・1章・8章]

専門は建設マネジメント。1988年自己充塡コンクリートの開発に成功し，その製造・施工・一般的設計法を示した『ハイパフォーマンスコンクリート』を1993年に出版（岡村甫・前川宏一と共著）。コンクリート構造物の施工に関する研究から，公共調達や建設事業のマネジメント問題，さらに社会基盤システムに関する研究に取り組み，2015年に『社会基盤マネジメント』を出版（堀田昌英と共編著）。2017年より本寄付講座の立ち上げに尽力し，現在，特任教授。国土交通省i-Construction推進コンソーシアム企画委員会委員，土木学会建設マネジメント委員会i-Construction特別小委員会委員長。

堀 宗朗 [2章]

専門は応用力学。1993年Micromechanics：Overall properties of heterogeneous materials（S. Nemat-Nasserと共著），2006年Introduction to computational earthquake engineeringを出版。スーパーコンピュータの地震・津波防災利用の研究プロジェクトを主導し，高性能計算有限要素法と都市地震シミュレーションの実用化を進める。2017年より防災に関する戦略的イノベーション創造プログラムのプログラムディレクタ。2018年より海洋研究開発機構にて，数理科学・先端技術の研究開発を開始。2019年6月より寄付講座の特任教授。

全 邦釘 [3章]

2003年東京大学工学部を卒業後，2010年にWayne State UniversityでPh.D.の学位を取得。その後，Yonsei University，愛媛大学を経て，2019年4月より本寄付講座特任准教授。2016～2018年度には，「SIPインフラ維持管理・更新・マネジメント技術」において，四国地区の研究代表者として四国地区に新技術を実装するための取組みを行った。本講座では，AI，IoT技術を活用したインフラ建設，維持管理の生産性向上に向けて取り組んでいる。土木学会構造工学委員会「構造工学でのAI活用に関する研究小委員会」委員長。

亀田 敏弘 [2.3・4章]

2019年4月から本寄付講座特任研究員（筑波大学システム情報系准教授と兼務）。要素技術の特性を活かしたシステム開発に注力。現在，インフラデータプラットフォームを用いて社会基盤データを多方面に利活用する統合評価システムのプロトタイプを開発中。これまで，センサ群を用いた構造物の健全性評価システム，微小噴圧発生検知デバイスによる眼圧計測システム，LPWAN・人工衛星による電源喪失時に稼働可能なデータ収集システムなどの研究開発に従事。土木学会構造工学委員会「鉄道工学連絡小委員会」委員長。

永谷 圭司 [1.4・5章]

1990年に，筑波大学 知能ロボット研究室に所属して以後，一貫してロボット研究に従事している。特に，2011年の東日本大震災以降，災害対応ロボットや無人建設機械を中心としたフィールドロボットに関する研究開発に従事。モットーは「役に立つロボット」。2012年には，不整地移動探査ロボットに関する研究で競基弘賞学術業績賞，2018年には，火山調査ロボットの研究開発で第8回ロボット大賞国土交通大

臣賞を受賞。2019 年より，本寄付講座の特任教授。ムーンショット型研究開発事業 目標 3 における「多様な環境に適応しインフラ構築を革新する協働 AI ロボット」のプロジェクトマネージャー。

谷島諒丞 [5.2・5.8・5.9]

2019 年 9 月，東北大学大学院工学研究科博士課程後期を修了。同年 10 月より，本寄付講座の特任研究員。2020 年 11 月より，本寄付講座の特任助教。専門はフィールドロボティクス。大学院では，火山探査ロボットに関する研究開発に従事。火山環境におけるクローラ型移動ロボットの障害物乗越えに関する研究や UAV 吊下げ型火山噴出物採取装置の開発を行った。本寄付講座では，建設機械のロボット化に関する研究に取り組んでいる。

山下　淳 [6 章]

2018 年 10 月より本寄付講座の特任准教授（兼務）。2011 年 10 月より東京大学大学院工学系研究科精密工学専攻准教授。空間情報処理技術，センサ情報処理技術，ロボット化技術に興味を持ち，画像を用いた 3 次元計測，ロボットの動作計画，ロボットによる環境センシングなどの研究に従事。極限環境センシング，極限環境作業ロボットの遠隔操作，画像処理・音響信号処理を用いたコンクリート構造物の自動点検の研究に取り組んできた経験を活かし，本寄付講座では特に建設機械の遠隔操作，ロボットを用いたインフラ点検の研究などに精力的に取り組む。

筑紫彰太 [6.2・6.3]

2018 年 3 月九州工業大学大学院生命体工学研究科博士課程修了。博士（工学）。東京大学大学院工学系研究科精密工学専攻特任助教を経て 2020 年 8 月より同専攻助教。社会連携講座「インテリジェント施工システム」において建設機械の遠隔操作，走破性判定，無人化施工に関する研究に取り組んでいる。

小松　廉 [6.4]

2020 年 7 月東京大学大学院工学系研究科精密工学専攻，博士（工学）取得。同年 8 月より東京大学大学院工学系研究科特任助教として「JAEA/CLADS による英知を結集した原子力科学技術・人材育成推進事業」において燃料デブリ取り出し時における炉内状況把握のための遠隔操作に関する研究に従事。主に，コンピュータビジョンおよびロボット遠隔操作に関する研究を行っている。

ルイ笠原純ユネス [6.5・6.6]

2016 年 6 月エコール・セントラル・ド・リヨン，Diplôme d'Ingénieur 取得。2019 年 9 月東京大学大学院工学系研究科精密工学専攻 博士課程修了。博士（工学）。同専攻特別研究員を経て 2020 年 10 月より同専攻特任助教。内閣府「戦略的イノベーション創造プログラム」ならびに，社会連携講座「インテリジェント施工システム」などのプロジェクトに関わる。機械学習，センサ信号処理，自動化アルゴリズムに興味を持ち，打音検査の自動化，無人化施工に関する研究に取り組んでいる。

Sarthak Pathak [6.7・6.8]

2014 年 9 月に Department of Engineering Design, Indian Institute of Technology Madras で学士・修士を取得し，2017 年 9 月東京大学大学院工学系研究科精密工学専攻で博士（工学）を取得。学位取得後，東京大学大学院工学系研究科精密工学専攻でポスドク，特任助教として勤め，2021 年 4 月から中央大学

理工学部精密機械工学科の助教に着任。ロボットによるインフラ点検や自律化を目的とし，広視野カメラの画像処理や知的センサ情報処理による位置姿勢推定および環境の3次元測定の研究に取り組んでいる。

濱崎 峻資 [5.7・7章]

2018年3月東京大学大学院工学系研究科精密工学専攻博士課程修了，博士（工学）。同年4月より東京大学大学院工学系研究科特任研究員として科研費新学術領域「脳内身体表現の変容機構の理解と制御」に関する研究に従事。2019年4月より東京大学工学系研究科 総合研究機構 i-Construction システム学寄付講座に特任助教として着任。主に，建設現場の安全に関する研究を行っている。

●コラム執筆者

松實 崇博 [コラム①]

外環道，圏央道といった道路分野の計画・調査，事業の進捗管理・予算管理等に関し，発注者の立場から従事。2019年4月に本寄付講座に着任。道路の維持管理の効率化・生産性の向上を目指し，その業務の在り方や，そのためのシステム開発およびデータマネジメントの確立を研究テーマとしている。

梶原 拓也 [コラム②]

2020年4月，寄付講座に着任。これまでは建設コンサルタント会社にて，道路概略設計〜道路詳細設計，交差点設計などの道路設計（主に土工）に従事。寄付講座では，道路の設計エラーに着目し，3次元モデル等を活用した設計システムによりエラーが解消可能か整理を行い，道路設計エラー解消のためのシステムを開発することを目的に研究を進めている。

松下 文哉 [コラム③・④]

2018年10月，寄付講座に着任。これまでは建設会社にて，国内・海外（マレーシア・ホーチミン・東京）にて施工計画・施工管理業務や，本社技術部おいてに仮設構造物の設計業務に従事。寄付講座では異なるプレイヤー間（発注者，元請，専門工事業者，資機材サプライヤー）の情報共有や手続きの合理化に着目した，ブロックチェーンを用いたサプライチェーンマネジメントシステムの開発を進めている。

大江 展之 [コラム⑤]

2020年4月，寄付講座に着任。これまでは建設コンサルタント会社にて，舗装の点検，分析，維持管理計画策定に従事。寄付講座では，道路の占用に関わる占用事業者による申請および道路管理者による許可判断について，3次元の舗装データや構造物データの活用によって，効率的な業務の遂行に寄与する道路占用申請・許可支援システムを開発することを目的として研究を行う。

小出 和政 [コラム⑤]

2020年4月，寄付講座に着任。これまでは建設コンサルタント会社にて，地理空間情報に係る業務に従事。寄付講座では，道路の占用に関わる占用事業者による申請および道路管理者による許可判断について，3次元の舗装データや地下構造物データの活用によって，効率的な業務の遂行に寄与する道路占用申請・

許可支援システムを開発することを目的として研究を行う。

玉井 誠司 ［コラム⑥］

2019年12月，寄付講座に着任。これまでは建設会社にて，コンクリート構造物の施工計画・施工管理業務や耐震設計業務に従事。寄付講座では，河川利用に伴う河川管理者と河川利用者（申請者）との河川協議について，3次元の地形データや構造物データと属性情報の活用によって，河川管理者および申請者双方の効率的な協議の遂行に寄与する許認可審査支援システムの開発を目的とした研究を進めている。

澁谷 宏樹 ［コラム⑦］

2019年8月，寄付講座に着任。これまでは建設コンサルタント会社にて，公園や広場の計画・設計や景観検討，大規模スポーツ施設の開発業務に従事。寄付講座では，地方創生の拠点として期待される「道の駅」の安定的な経営の実現を目的として，千葉県長生郡睦沢町の中央部に位置する「むつざわスマートウェルネスタウン」を対象に，ファシリティマネジメントのための統合プラットフォームの開発と公開を目指し，研究開発に取り組んでいる。

藤原 圭哉 ［コラム⑧］

2019年9月，寄付講座に着任。これまでは建設コンサルタント会社にて，3次元点群データを活用した河川管理の検討業務，景観検討結果を踏まえた河川の護岸設計・調整池の修正設計・豪雨災害の復旧支援業務等に従事。寄付講座では，維持管理の効率化を目指すべく，データ処理プラットフォームに盛り込む各種河川管理データや堤防・護岸シミュレーションデータの整備，データを利活用した統合評価システムを開発することを大目的に研究を進めている。

湯淺 知英 ［コラム⑨］

2019年12月，寄付講座に着任（兼務）。建設会社でニューマチックケーソンをはじめとした大型躯体工事の現場施工管理およびその設計に従事。海外留学後の2018年10月からは，社内の生産性向上に関わる先駆的プロジェクトにも複数参画。寄付講座では特に土木躯体工事における現場生産性の大幅な向上のため，CPS（Cyber Physical System）の考えに基づき，ゲームエンジン等を活用した設計ならびに現場データ連携させた新たな施工管理システムの研究開発を行う。

佐藤 正憲 ［コラム⑩］

2018年10月，寄付講座に着任。3Dモデルに時間軸（工程表）を追加した「4Dモデル」を安全管理に活用する手法について共同研究を提案。仮想空間上で施工シミュレーションを行いながら当該作業に関係する法令および過去の事故事例を表示することで，安全な施工手順が検討できるシステムの研究開発に取り組んでいる。

宮岡 香苗 ［コラム⑪］

2020年6月，寄付講座に着任。これまでは建設会社にて，国内の高速道路工事やシールド工事における施工管理業務や，仮設構造物の設計業務，建設現場の技術開発業務に従事。寄付講座では，異なる組織やシステム間での情報の連携・連動を達成するための建設情報分類体系に関する研究を進めている。

i-Construction システム学   定価はカバーに表示してあります。

2021年6月25日　1版1刷発行   ISBN 978-4-7655-1878-9 C3051

編 著 者　小　澤　一　雅

著　　者　東京大学 i-Construction
　　　　　シ ス テ ム 学 寄 付 講 座

発 行 者　長　　　　　滋　彦

発 行 所　技 報 堂 出 版 株 式 会 社

日本書籍出版協会会員
自然科学書協会会員
土木・建築書協会会員

Printed in Japan

〒101-0051　東京都千代田区神田神保町 1-2-5
電　　話　営　　業　（0 3）（5 2 1 7）0 8 8 5
　　　　　編　　集　（0 3）（5 2 1 7）0 8 8 1
　　　　　Ｆ Ａ Ｘ　（0 3）（5 2 1 7）0 8 8 6
振替口座　00140-4-10
http://gihodobooks.jp/

©Program on Construction System Management for Innovation, 2021

装幀 ジンキッズ　　印刷・製本 愛甲社

落丁・乱丁はお取り替えいたします。